瀬戸一夫
seto kazuo
Die Philosophien der kopernikanischen Wendung

コペルニクス的転回の哲学

keiso shobo

第2節　絶対運動と相対運動の相互転換　76
第四の絶対運動をめぐる諸論点／相対的な位置変化の問題／相対運動と見かけ上の運動／ニュートンの法則と第四の絶対運動／第四の絶対運動と観測点の差異／誤解の原因とその訂正／重力場における絶対運動

第3節　科学の論理と批判主義の再構成　93
ア・プリオリな純粋認識と関数／各種の近似と独断／独断論の背理／批判主義の理路と発展する規準／ニュートン力学とコペルニクス的転回

第三章　知識学の三原則と力学的体系構成────107

第1節　運動の三法則と知識学の三原則　108
座標設定の自由と観点の二重化／ディレンマの浮上とその解決／第三原則の再設定／観測者（自我）の能動と受動／負量の概念と作用性（因果性）／実体性と完結した理解の構図／理解の構図の再検討

第2節　天界の力学的解明と間接的定立　127
作用性の特徴と帰納・演繹／落下しつづける月の運動性格／リンゴの落下と月の落下／視点の移行と根拠の相互配分／引力に由来する加速度の定式化／落下する大地と潮汐現象／加速度の根拠と間接的定立の法則／落ちてこない月と落ちていかない大地／作用性による理解の限界

第3節　関係の完全性と運動の成分分解　151
具体例による理解の準備／実体性の反転性格／実体性の構図とその特性／落下しないリンゴの運動／除外と範囲の限定／直線を描かない自由落下／視点の動揺と同一の関係性／関係態としての質料と間接的定立の深化／落ちないリンゴの落下加速度／月の落下運動と慣性運動／俯瞰的な観点と慣性運動の視点／視点の解放

目 次

緒　言　コペルニクス革命と近代的宇宙像 —— 1

第一章　思考法の革命とカントの批判主義 —— 5

第1節　形而上学の歴史とカントの着想　5
形而上学の認識とその死角／科学的認識の客観性／理性の主導権と理性の自己吟味／新たに獲得された「立場」という解釈／観察者の「回転」と立場転換の副次性

第2節　複眼的な視点と学的視座の取得　15
認識の「転回」と理性の自己反省／理性の複眼的な視座／コペルニクス体系の実像と射影的認識／相対的な運動関係の射影／中心に立つ仮説創造者の位置／視座の自由な選択を許す立場の取得／仮説創造的な視点の特異性／検討されていない問題

第3節　理性批判と古典古代的民主法廷　31
人間理性の救出と理性の法廷／思考法の変革とその典型的な事例／仮説創造的な視座の特異性／係争の事実経過／模擬裁判の権利闘争／証人が見抜く実情／越権の除去という無言の背景／算術をめぐる法廷闘争／理性法廷の役柄配置／驚嘆すべきギリシア民族／コペルニクス的判決／認識の厳格さと批判哲学の意図

第二章　哲学的ニュートン主義と批判哲学 —— 59

第1節　二大世界体系と絶対運動の模索　59
天体の運行とその運動／天動説と地動説の違い／新たな問題提起／プトレマイオス体系の仕組み／相対運動と第一の絶対運動／第二の絶対運動とその可能性／第三の絶対運動とその限界

と仮説構想的な視座の獲得／構想力の動揺と自由の深淵

結　語　革命的思考法の老朽化と幻想論理 ――― 191

註　第一章　197
　　第二章　208
　　第三章　220
　　結　語　229
あとがき　231
索　引　233

緒　言　コペルニクス革命と近代的宇宙像

　コペルニクスの地動説は近代科学の出発点として有名である。しかし、前近代から近代への大規模な転換を「コペルニクス革命 Copernican Revolution」と呼ぶ場合、その意味するところは必ずしも明確でない。まず、revolution というのは「革命」であるのか「回転」であるのか。他方、copernican が「コペルニクス（の学説）に由来する」ということであるのはよいとしても、それは単純に「世界観」に関するものなのか、より広く「ものの見方」全般に関わるのか、あるいは「視点」ないし「立脚点」に関係したことなのであろうか。また、革命だとすると、それによってもたらされた「成果」を Copernican Revolution と呼ぶべきか、そこに見られる「変革の過程」をこの名で呼ぶのが適切なのか。あるいは、世界観が 180 度の転換を遂げるということ、すなわち「回転という事態」こそが、この名にふさわしいのであろうか。以上のことに関してだけでも、一律の答えを出すのはそれほど容易でない。

　現代の科学においては、たとえば、遠方の天体からくる光のスペクトルを観測し、各物質に固有なスペクトルから、観測されたスペクトルがどの程度の変位を示しているかを測定することで、われわれに対するその天体の速度やその天体までの距離が算出される。また、この方法の延長線上で考案された手法によって、新種の天体現象として発見された宇宙ジェットの噴出メカニズムや、その噴出速度までが推定されている。宇宙論においてはさらに、われわれに知られている物理法則を総動員して、140 億年も過去に溯る宇宙の初期状態が追究される。

　ところが、以上のような推定が行われるときには常に、ある事柄が前提さ

れている。それは、遥か彼方にある天体といえども、また遠い過去に溯ろうとも、すべてのものはこの地球上で知られている物質と基本的には同じ要素から構成されており、この地球上で確認されるのと同じ法則が全宇宙を平等に支配しているということである。つまり、われわれは宇宙のなかで、けっして特別な位置にあるのではなく、宇宙のなかの平凡な位置で生活している、ごく普通の構成員にすぎない、という大きな前提がいつもおかれているのである。もしも、われわれが宇宙のなかの特別な位置にある別格の存在であって、自分たちの領域で知られていることが、その特別な領域でしか成り立たない固有のものであると考えるならば——そのように考えてはならない決定的な理由はない——、以上のような科学の推理はまったく無意味なものとなるであろう。実際、前近代において、地上で成り立つことが天界でも同様に成り立つと考えるのは、異常な発想にほかならなかったのである。

　われわれが宇宙のなかの特別な存在ではないという考え方は、このように、近現代の科学に特有の大前提であり、暗黙の約束ごとになっている。そして、この暗黙の前提がコペルニクスに由来するものであるとすれば、真偽が検討される以前からすでに前提されている点で、コペルニクス主義は現在でも科学研究の背景になっているのである。コペルニクス的な前提は、観客も役者も、特別なことでもないかぎり注目することのない舞台裏で、科学というスペクタクルが展開するための陰の役割を演じている。コペルニクスに帰される新境地は、科学の歴史をつうじてガリレオの「相対性原理」という実を結び、ホイヘンスの動力学、ニュートンの力学を生み出しつつ高度に洗練されて以降、力学原理の定礎という道筋はオイラー、およびラグランジュによって担われるとはいえ、圧倒的な破壊＝創造力を見せつける革命的な境地としては、マッハおよびポアンカレによる再評価と、アインシュタインの相対論が原爆を生み出す20世紀をまって、暫し歴史の表舞台からは影を潜める。そして、コペルニクス主義はその間、科学にとっては裏舞台ともいえる哲学的な議論のなかで、一種独特の思考様式へと変貌しつつ、自らに秘められたその威力を急速に増強していったのである。

本書では、現在までカントの批判哲学を特徴づけるものとされてきた「コペルニクス的転回」の実像を探る検討がなされる（第一章）。しかし、カントが打ち出した思考法の変革はその後、初期ドイツ観念論の発展史において決定的な役割を演じていた。この点で、コペルニクス的転回は、けっしてカント哲学の一商標にとどまるようなものではなかったのである。近代哲学史の研究において、今日まではほとんど見過ごされていたこの側面に、以下では改めて光を当てることになる（第二章）。そして、コペルニクス主義の登場が、自然科学や哲学の発展をその一局面とする思想史上の近代はもとより、近代そのものを前近代から分断する結節点として位置づけられる場合、その位置づけがどれほど深遠な意味を蔵しているのかを追究する予定である。結論を先取りすると、この位置づけには、ニュートン力学が立脚していた前代未聞の特異なパースペクティヴが潜んでいる。本論では最終的に、このパースペクティヴの秘密が、コペルニクス主義の機軸として解明される（第三章）。およそ以上のようにして、コペルニクス的転回の理論的、歴史的な真相に迫ろうとするのが、哲学と自然科学の学説史を題材とした、本書の試みにほかならない。

　　　　　第一章　思考法の革命とカントの批判主義
　　　　　第二章　哲学的ニュートン主義と批判哲学
　　　　　第三章　知識学の三原則と力学的体系構成

第一章　思考法の革命とカントの批判主義

　現在までのカント研究および科学史の研究は、コペルニクスに帰される革命的な思考法が、その後の歴史を左右するほど大きなパラダイム転換をもたらしたことをしばしば指摘している。本章では、代表的なカント研究に目を配り、カントの考えるコペルニクス的転回がこれまでどのように解釈されてきたのか、この点を確認するとともに、従来の解釈に認められる優れた論点と不備な点を両面的に検討する。その手順としては、まずカントの打ち出したコペルニクス的な思考法の転回に関して、後世の解釈を根本的に方向づけたと思われる古典的な研究を扱い、今日に至るまでの解釈枠ともなった基本構図を描き出す（第1節）。次に、最近の研究動向までを視野に収めて、未解決の問題に光を当てることにする（第2節）。そして、最後に本書なりの見解を提示し（第3節）、カントの時代に試みられていた、当時の科学思想にもとづく解釈を検討する次章への準備としたい。

　　　　　　第1節　形而上学の歴史とカントの着想
　　　　　　第2節　複眼的な視点と学的視座の取得
　　　　　　第3節　理性批判と古典古代的民主法廷

第1節　形而上学の歴史とカントの着想

　哲学の歴史において「コペルニクス的転回 Kopernikanische Wendung (*od.* Wende)」というと、カント哲学を特徴づける言葉として有名である。しかし、その真意については、古典的なカント解釈のなかでも大きく見解が分岐する。さらに、この言葉そのものがカント当人に由来するわけではないとい

う事実もまた、かねてより指摘されて今日に至っている⁽¹⁾。もともとそれは、カントがその主著『純粋理性批判』⁽²⁾ 第2版の序文で、自らの批判哲学を特徴づけたものとされる。「認識は理性の営みに属するのだが、そうした認識の取り扱いが、一つの学問として確実な道を歩んでいるのか否かは、その成果からただちに判定される」(BVII)。カントはこのように述べ、伝統的な形而上学の歴史のなかで Ch. ヴォルフを「独断論的哲学者のなかで最大の哲学者」(BXXXVI) として評価しつつも、独断論が「理性そのものの能力を前もって批判していない」(BXXXV) ことに決定的な見落としを指摘し、まさしくこの「批判」が自らの課題になると訴えている。

形而上学の認識とその死角

　形而上学は歴史上、霊魂の不滅性、自由の存在、神の存在を主題としてきた。しかし、事物について何かを認識するのとは異なって、われわれには通常それらのことを経験のなかで認識することができない。このことは、少なくとも、霊能力者でも超能力者でもない一般の人々にとってはごく当然の事実である。そもそも、経験世界に生きているわれわれに、神や霊魂などの経験を超えた対象について、何かを認識することができるのであろうか。ところが、形而上学はそのような対象について現に論じている。形而上学は、通常の経験的な認識よりも高次の認識として「思弁的な理性認識」なるものの行使が可能であるという前提に立っているのである。しかし、経験を超えるそうした高次の認識が、もしも不可能であるならば、形而上学のたどった長い歴史は、まったく意味のない不毛な努力の積み重ねでしかなかったことになるだろう。それゆえ、形而上学を樹立するのに先立って、われわれの認識がどのように成立し、またそれがどの程度の守備範囲をもっているのかということを、よく調べておく必要がどうしてもある。理性の営みの一つである「認識」の批判的な吟味検討、つまり認識論は、以上のようなカント特有の哲学史的な情況認識を背景にして打ち出された大規模な課題遂行の試みであった。そしてかれは、形而上学の行っている思弁的な理性認識が、歴史上、

はたして学問の名に価する「確実な道」を歩んでいるといえるのか否かを、他の学問に見られる「成果」と比較することで判定しようと提案しているのである。

カントの理解によると、アリストテレス以来、論理学は認識される一切の対象とその差異を度外視して、われわれの思考能力である「悟性そのもの」と、われわれが何かを思考するときに、その対象が何であるかにかかわらず、いつでもしたがうべきところの形式、すなわち「悟性の形式」だけを問題にすることによって、学問としての「確実な道」についた（BVIIIf.）。たとえば、われわれが星座の美しさについて考えているときと、あるコンピュータ・ソフトの使いやすさについて考えているときとを比べれば、それぞれの対象に応じて互いにかなり質の違った思考を働かせている。しかし、どちらの場合でも、またいかなる場合でも、矛盾律が教えるように、ある一つのことを同時に肯定しつつ否定する考え方は、われわれにはできない。この矛盾律のような、対象によらずに成り立つ——対象とその差異を度外視した——思考の形式や規則を扱うことによって、論理学はあらゆる場合に妥当する一般性を獲得し、学問としての身分をかためたのである。

科学的認識の客観性

数学は「ギリシア人という驚嘆すべき民族」のなかで、二等辺三角形の証明がなされて以来、学問として着実な道を歩んできた（BX）。その核心は、現に見ている図形や図形の単なる概念から図形の性質を学びとるのではなく、概念にしたがって自分自身がア・プリオリに——われわれがもつ理性の原理の側から——図形のなかへ「考え入れ hineindenken」、また「構成 Konstruktion」をつうじて、概念に対応する直観をア・プリオリに「産出 hervorbringen」するところにある（BXII）。

たとえば、紙に描かれた一つひとつの二等辺三角形を相手に、分度器で両底角の大きさを測り、角度の値をそのつどただ調べていくのでは、たかだか両底角がほぼ等しいこと、そしてどのような二等辺三角形でも両底角は等し

いようだ、ということまでしか分からないはずである。というのも、いかなる分度器であろうとも測定精度には限界があり、また両底角の等しくない二等辺三角形にいつしか出会ってしまう可能性は、完全には否定できないからである。しかし、ユークリッド的な二等辺三角形の概念（定義）にもとづいて純粋な二等辺三角形を頭のなかで構成し、構成された直観だけをたよりに両底角の等しいことが証明されれば、いかなる二等辺三角形でも必ず成り立つ、この意味で二等辺三角形についての客観的な認識が得られたことになる。対象である図形から、何かをただ受容するというのではなく、自分のもつ概念にしたがって対象（図形）を構成し、その構成をつうじて対象のなかへ入れておいたものから必然的に生じることだけを更（あらた）めて知る。以上のような、単なる受容から構成による認識への「方向転換 Wendung」を行うことで、数学は学問としての確実な道を歩み始めたのである。

　では、自然科学についてはどうか。ガリレオが斜面での落下実験において、トリチェッリが水柱による大気圧の測定において、あるいはまたシュタールが金属の燃焼実験において、偶然的な観察からではなく、理性がみずからの原理にしたがって案出した法則を、自然に対して適用し、その法則どおりになるか否か問いただす方向をとったときに、かれらは自然科学を学問の大道につけた（BXIIf.）。なぜなら、自然についての認識においてもまた、たとえば物体の自然落下（自由落下）がどれだけ多くの場合に観察されたところで、物体が「必ず」等加速度で落下するという認識は得られないからだ。この点は数学における事情とまったく同じである。自然科学者たちは、実験に先立って自然のなかで成り立っていると思われる法則を理性にしたがって自発的に案出し、自然がその法則どおりに振る舞うことを実験によって確認したのである。

　自然科学の認識はこのように、自然から法則を教えてもらうというのではなく、逆に科学者のほうが自然を相手にした具体的な実験を行い、特定の法則がつねに成り立つことを「一例として示す」方向でなされている。「理性は自分の計画にしたがい、みずから産出するところのものしか認識しない」

（BXIII）。自然科学は、理性自らが自然のなかに入れておいたもの——自由落下の法則など——にしたがって、そのものを自然のなかに求めていく——斜面での実験などを試みる——のでなければならないのである。こうした「思考法の革命 Revolution ihrer Denkart」(ibid.) が、自然科学の思考様式にとっても決定的な転回であった。

理性の主導権と理性の自己吟味

　以上のように、確かな成果をおさめている諸学問は、直接的あるいは間接的に理性自身——論理学では理性の一部をなす悟性自身——を探究していること、また数学と自然科学ではさらに、対象に対して受容的な認識を行うのではなく、逆に対象の構成を介しての認識に携わっていることが確認されている。「われわれはこれまで、われわれの認識がすべて対象にしたがって規定（bestimmen）されねばならないと考えていた」(BXIV)。しかし、それでは「対象に関して何ごとかを概念によってア・プリオリに規定しつつ認識を拡張しようとする試み」はもともと不可能である (ibid.)。それゆえ、対象のほうがわれわれの認識にしたがって規定されなければならないと想定する態度は、確実な道を歩んでいる学問がもたらした成果の、ゆるぎない基盤として決定的なものと評価される。

　こうして、カントは数学と自然科学の実例に見られる「思考法の変革 Umänderung der Denkart」を、両学問との類比が許されるかぎりにおいて、形而上学もまた倣ってみてはどうかと提案するのである (BXVI)。形而上学にむけて提案される、この新たな試みを説明して、カントはコペルニクスの例をあげている。「コペルニクスは、すべての天体が観測者の周囲を運行する、というように想定すると、天体の運動の説明がなかなかうまくいかなかったので、今度は天体を静止させ、その周囲を観測者にめぐらせると、より首尾よく説明できはしないかと考え、それを試みたのである」(ibid.)。

　カントの議論を以上のようにまとめると、形而上学の思弁的な理性認識は対象をただ受容する姿勢から脱却し、数学や自然科学と同様の意味で対象を

構成する、あるいは対象を問いただす姿勢へと変わる必要性が、かれによって唱えられているように思える。しかし、経験を超える形而上学の思弁的な理性認識は、数学や自然科学の認識とは異なっている。カントがこのことを明確に語っている点にも注意しなければならない（BXIV）。というのも、認識は理性の営みにほかならず、これを吟味検討するということになると、いったい何がどのような身分から理性を吟味するのかという問題がここで浮上するからである。

　コペルニクスの試みに譬(たと)えられた『純粋理性批判』の設定では、理性が吟味する側とされる側に二重化され、同じ一つの理性が理性自身を観てそれを吟味するとともに、その吟味されたことを自ら学ぶのでなければならない。しかしそうだとすると、吟味する側の理性とは何であり、また吟味される側の理性はそれとどのように関係するのだろうか。そもそも理性の二重化という事態そのものが謎めいている。さらに、カントが述べている、数学や自然科学と形而上学との類比は、どのような仕方であれば許容されるのか。これらの問題は、カントの議論を語られているままに受け取るかぎり、それほど明確ではない。そこでまずは、コペルニクスに譬えられた理性批判の設定が、現在に至るまでどのように解釈されてきたのかを、いくつかの代表的なカント研究のうちに見ておくことにしよう。

新たに獲得された「立場」という解釈

　数学や自然科学に認められる自発性と産出的な性格を、カントの理性批判のうちに強調する解釈としては、W・ヴィンデルバントのものがまずあげられる。われわれは、個人として個別具体的な経験をし、それらをつうじてさまざまな認識を獲得する。しかし、個人の意識の根底では、個々ばらばらの多様な意識を超えた「超個人的な機能 eine überindividuelle Funktion」[3]が活動している。それは、カントが「意識一般 Bewußtsein überhaupt」と呼ぶところのものであり、個人的な生の、いわば「最内奥に存する作業場 die innerste Werkstätte」ともいえる根本機能である[4]。われわれ個人は外

側にある対象世界から表象をただ受け取っていると意識しているが、実のところ表象は、もともと無秩序な感覚データをこの内奥にある作業場で加工した産物にほかならない。最内奥で働いている機能は、あまりにも奥深いところで働いているため、個人がこれを直接的に意識することはなく、その産物に付与された単なる「対象性」としてのみ、個々人に意識されるのである。

　ヴィンデルバントの解釈では、たしかに、付与される「対象性」という論点がいくぶんか不明確である。しかしこれを「作業場」という比喩から理解すれば、難解さはなくなるだろう。ヤスリによる丁寧な仕上げが製品のなめらかな表面となって現れる。たとえばこのような比喩として理解しておけばよい。いうまでもなく、超個人的な機能の働きがヤスリによる「丁寧な仕上げ」に対応し、対象性は製品の表面に具体化した「なめらかな仕上がり具合」に対応する。そして個々の表象の客観性は、ヴィンデルバントが性格づけるような作業場での、いわば規格どおりの作業に由来する。また、個々の表象ではなく、それらに客観性を付与する――規格に適った――作業様式そのものが、さらに表象へともたらされると、数学や自然科学をその代表とする客観的な認識が成立してくるのである。

　作業場というものがそうであるように、材料となる感覚は、たしかに外から持ち込まれる。しかし、作業場に相当する理性はその自発的な機能を、当の機能が産み出した表象の「対象性」として表現している。製品が一定の規格にしたがっているように、理性そのものに由来するア・プリオリな、それゆえ「いつでも必ず成り立つ」という意味での客観性が、ある種の認識では保証されるのである。ヴィンデルバントによると、対象世界というものは、もとをただせば理性の産出する「対象性」が付与されるこで初めて成り立っている。そして、まさしく以上のように、われわれのもつ表象と対象世界との「関係を説明するため」に獲得されたのが、カントの「コペルニクス的立場 Kopernikanischer Standpunkt」にほかならない[5]。

　以上の性格づけからも分かるように、ヴィンデルバントはコペルニクス的転回をカントの認識論が獲得した「成果」として、また新たな「立場」とし

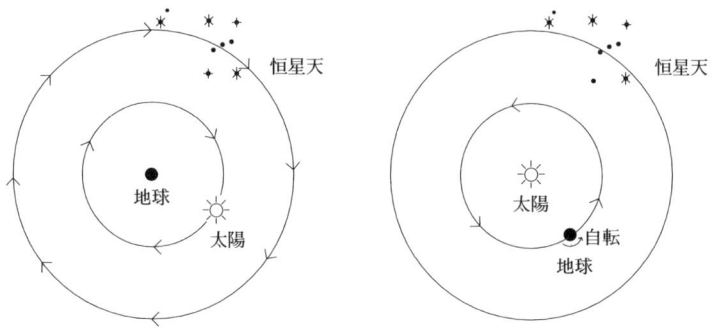

て解釈している。カント以前の段階では、われわれの主観のうちに立ち現れている表象をもとにして、その背後に対象世界が存在すると考えられていた。カントはこの旧い立場を離れ、同じこの表象と、主観の根底で働く理性の能動的で産出的な機能とを、ともに眺めわたす立場に立ったのである。この解釈によると、理性の能動的な機能を強調することが、カントのコペルニクス的転回であったかのように思える(6)。そして、この種の印象から、かれの解釈に対しては、かねてより多くの反論がむけられている。

　ヴィンデルバント流のカント解釈は、表面的に見るかぎり、ある欠陥をもっている。というのも、主観の奥深くで働いている理性が対象世界の産出者である、というところから、主観が世界の中心的な位置にあって、世界のほうを作り出しているかのような解釈になっているともいえるからである。周知のように、コペルニクスは太陽を中心において、われわれの居場所である地球のほうを中心から離れた位置においた。したがってこの解釈は、コペルニクスの行ったのとはまったく逆の成果を、コペルニクス的転回としていることになる。天界の運動は観察者の運動に由来する、つまり単なる現象としての天界の運動は観察者の側に根拠をもつ、というのであるから、主導性という点において観察者であるわれわれを「中心」とした考え方になっており、これはむしろ反コペルニクス的なものだといわなければならない(7)。しかし、ここでは注意が必要である。ヴィンデルバントの解釈は、それほど単純では

ない。

　すでに確認したように、ヴィンデルバントの解する「コペルニクス的立場」とは、表象と理性の機能をともに眺めわたし、両者の「関係を説明するため」に獲得された、カント認識論の立場にほかならなかった。つまり、この新たな立場からは、表象と共に理性の機能までが眺められているのである。そして、本書の問題関心からすると、まさにこの点が重要である。表象だけではなく、理性の機能をともに眺め、両者の関係を捉える立場に立つ認識論の主体とは、いったい何であるのか。その主体は理性でなければならないだろう。しかし、理性は「対象性」を産出する機能として、あくまでも眺められる側にある。これとは別種の理性が「コペルニクス的立場」に立っているということなのであろうか。ヴィンデルバントはこの点について、少なくとも、表立っては何も述べていない。このこともあって、かれの解釈に多くの反論がむけられた、とも考えられる。

観察者の「回転」と立場転換の副次性

　しかしながら、新たな立場の獲得という「成果」としてではなく、あくまでもコペルニクス的転回を「回転 Drehung」として解釈するカント研究もある。その典型はH・コーヘンのものであり、かれはカントが強調した「置き入れの方法 Methode des Hineinlegens」に、この解釈をめぐる問題の核心を見ていた。コーヘンによると、コペルニクス的転回とは、数学や自然科学

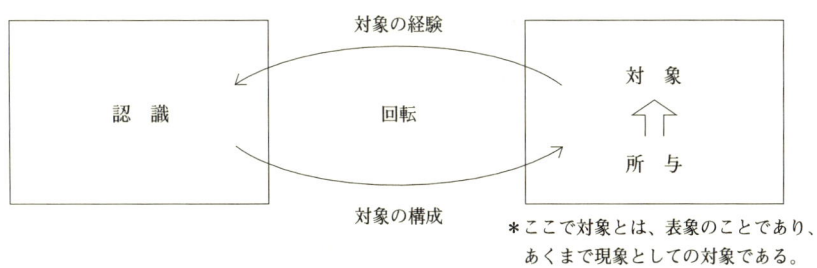

に倣って認識論に採用される思考法そのものが、回転的な性格をもつということの表現にほかならない。カントの認識論に見られる「ア・プリオリという方法上の基本概念」は、まさにこの性格から示されるのである[8]。

コペルニクスの「観察者の回転 Drehung des Zuschauers」は、動く大地という観察者自身の状態を星空へと「置き入れる」ことにより、星々の動きを理解することに相当する。通常は、対象がそれだけで独立にまず存在して、それをわれわれが認識する、と考えられている。しかし、実はわれわれに与えられる感覚データ（所与）が、認識の能動的な働きをつうじて構成されることにより、初めて対象が成立しているのである。この構成をつうじて、初めから「認識の仕方」が、ア・プリオリに対象のうちへと置き入れられている。大地に立つ観察者は、大地と自分の「動き方」をあらかじめ置き入れ、その「動き方」を運行する星々のうちに観察する。このように、観察対象のうちには初めから普遍的かつ必然的に、すなわちア・プリオリに「認識の仕方」が置き入れられているのである。

対象と認識は直接的に相関しているのであって、認識されるのは、もともと認識の諸原理が置き入れられているかぎりでの対象にほかならない。「つまり、われわれが物についてア・プリオリに認識するのは、ただわれわれ自身がそれらの物のうちに入れておくものだけである」（BXVIII）。カントがこう述べるのは、対象と認識の直接的な相関ということに着目しているからであり、この相関による認識の成立ということこそが、コペルニクス的転回の真相である。つまり、認識の対象は「認識の仕方」が置き入れられて構成される一方、対象についての認識は、ア・プリオリに置き入れられた「認識の仕方」を捉えているのである[9]。これはさほど奇妙な事態ではなく、ヴィンデルバントの「作業場」という比喩をここで利用するならば、熟練工が自分の製作した製品のなめらかな表面に、満足のいく仕上げの「仕方」を捉えているのと同様に理解できるであろう。このように、対象を介した認識の「回転」が、われわれの経験を成立させているのである。

コーヘンの解釈からすると、理性が受動的な立場から能動的な立場へと移

ったという「立場上の問題」は、以上のような認識の回転的な性格に由来する二次的な成果にすぎない。それは単に、対象から認識へとむかう回転の上半分に力点をおいて理性を見る立場から、逆に認識から対象へとむかう回転の下半分に力点をおいて理性を見る立場に移行したということである（13頁の図参照）。ようするに、新たな立場の獲得とは単なる力点の移行であって、旧式の立場も新たな立場も同様に、回転する理性認識という全体状況の半面だけを強調していたのである。いうまでもなく、コーヘンにとって重要であったのは、コペルニクス的転回がこうした全体状況を意味しているという点であり、回転全体をつうじてのみ認識が成り立つということであった。

　さて、コーヘンの解釈により、カントの認識論をめぐるコペルニクス的転回の意味が全面的に明らかになっただろうか。ここでは再び、表象と理性の機能をともに眺めわたす認識論の主体といった、ヴィンデルバントの指摘を問題にしなければならない。認識の回転的な性格という論点は、たしかにコペルニクス的転回のカント的な意味に迫った一つの解釈として説得力をもっている。しかし、仮にカントがコーヘンの解釈するような意味でこの論点を理解していたとすると、認識の回転する性格を全体状況として眺めわたす主体の身分が、あらためて問題になる。実は、カントのコペルニクス的転回を解釈するための基本的な枠組みに関していうと、ヴィンデルバントのものとコーヘンのものでほぼ出揃っているのである。たしかに、今日に至るまで、両者とは異なった数々の解釈が提示されている。しかしそれらは、何らかのかたちで両者の枠組みに改良を加えたものか、あるいは両者に認められる問題点を未解決なまま伴っている解釈である。そこで次節では、この問題点を明確化するために、両者以外の代表的なコペルニクス的転回の解釈について検討する。

第 2 節　複眼的な視点と学的視座の取得

　コーヘンの解釈によって指摘されたのは、カントの認識論が回転という性

格をコペルニクス天文学と共有している、という重要な側面であった。コペルニクスは、観測事実をそのまま受容するのではなく、回転（自転・公転）する大地から観測される姿としてそれを捉えなおした。これと同様に、カントは表象——客観の見え姿——を単に受容するのではなく、それを主観の能動的な働きに由来する所産として捉えなおしている。理性は自らがあらかじめ表象（経験的な認識の対象）のうちに置き入れておいたものを、あらためて認識する。コーヘンはこの点を特に強調し、対象の構成を介して回転する認識という着想こそが、カントのコペルニクス的転回にほかならないと解釈していたのである。とはいえ解釈は、表象と理性の機能とを、ともに眺めわたす認識論の主体という、ヴィンデルバントの指摘には対応できていなかった。しかしながらその後、この問題にも対応できる、精緻なカント解釈が提示されている。それはE・カッシーラーの解釈である。そこで、かれのカント解釈のうちでも、特にコペルニクス的転回の本質に迫る議論に目配りしておきたい。

認識の「転回」と理性の自己反省

　カントの認識論は精密科学に倣った認識様式を採用しており、その点からしてすでに、一種独特の方向性を示している。たとえば、数学において、数という形象が相互に関連して体系的な連結を形作る場合、そのような連結が必然性をもつことを理解するためにはどうすればよいだろうか。この場合、対象（表象）となる個々の数にどれほど注意をむけても、必然性や普遍性は発見できない。この課題を達成するためには、個々の数ではなく、数系列を構成する「普遍的な手続き」のほうに注目しなければならない。これと同様に、空間的な秩序を理解するためには、経験的な対象世界の各事物ではなく、理性のうちにある「幾何学的な構成の法則」を分析しなければならない。また、自然という存在世界を理解するためには、経験世界の諸対象ではなく、経験についての認識すべてのうちに横たわっている「理性」——コーヘン流にいうとア・プリオリに置き入れられている「理性の認識諸様式」——の吟

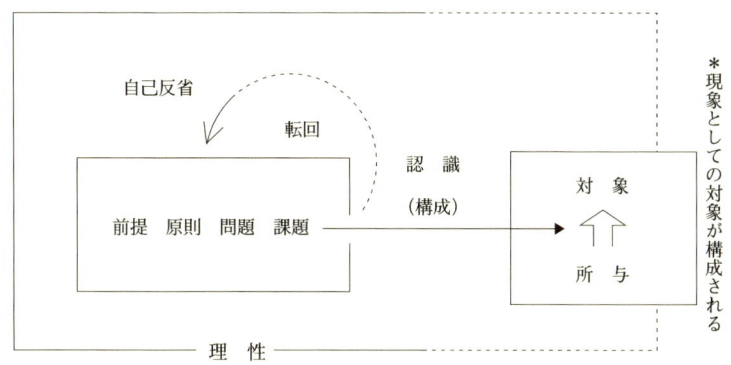

味から出発しなければならないのである。

このように、カントが試みたのは、それまでもっぱら対象の構成へとむかっていた認識の方向を、理性そのものへと「向き返らせる」ことであった。「思考法の革命は、理性が自らを反省する、すなわち理性の前提と原則、その問題と課題を反省にかけることから始めるという点をその本質とする」[10]。カッシーラーによるとこのように、カントが試みたのは「理性の自己反省 Reflexion der Vernunft über sich selbst」[11]にほかならず、認識活動を営んでいる理性自身へと認識を向き返らせる方向転換であった。

コーヘンとは異なって「認識の仕方」そのものが対象の構成を介して回転しているというのではない。カッシーラーの場合、理性の営んでいる対象構成的な認識が、理性自身を反省する方向へと転回するのである。このように、カッシーラーの解釈では、理性の眼差しが理性自身に備わった諸機能にむかって転回することが、コペルニクス的転回の意味にほかならない。前節であげたヴィンデルバントの比喩を再び用いると、コーヘンは作業の進み具合——認識の働き方——を、作業員が製品の仕上がり具合のうちに確認し、自己点検・自己修正しつつ作業するプロセスとしてコペルニクス的転回を理解していた。これに対して、カッシーラーでは、作業員の代表が製品づくりの作業から離れて現場監督の視点に立つことになる。そして現場監督は、各作業員には見わたせなかった作業全体が、規格どおりに進行していることを確

認し、この規格を明確に描き出す。カッシーラーは、まさにこのようなプロセスとして、コペルニクス的転回を理解している。

　カントの主張する「観察者の回転 Drehung des Zuschauers」とは「すなわち、『理性』が一般に意のままにしうるような認識機能の全体を、われわれが概観して、各機能がそれぞれいかなる必然的な妥当様式をなして〔働いて〕いるのかを〔……〕明確に描き出すことである」(12)。カッシーラーは、このように特徴づけている。かれの理解するカントのコペルニクス的転回は、したがって、より正確には「回転 Drehung」というよりも、認識の方向転換、ないしは「転向 Wendung」であり、理性の眼差しが向きを換えて自己自身に回帰するという意味での「転回」にほかならない。カッシーラーは自らの用語「コペルニクス的転回 kopernikanische Wendung」に、およそ以上のような意味を与えることによって、数学や自然科学の思考法を初め——倫理学的判断や美学的判断の吟味検討をも含む——カント的な理性批判全般の基本となる着想に、広範かつ厳密な解釈を与えているのである。

理性の複眼的な視座

　コーヘンでは、自然科学を初めとする諸科学の発展プロセスに、認識論が回収されているような構図になっていた(13)。これに対して、カッシーラーの解釈においては、諸科学の発展プロセスを含む包括的な「理性」が想定され、理性全体が反省的に吟味される構図が確保されている。また、コーヘンの解釈では、能動的に働く理性とその働き方（認識の仕方）を眺めわたす理性といった、理性そのものの二重化は問題にされなかった。ところが、カッシーラーの解釈では「対象を構成する認識」だけでなく、その認識が転回して自らを眺めわたす「理性の自己反省」が設定されており、理性の働きが二重化されている。そしてこの点は前節で確認したカントの議論とも合致する。以上から、理性の二重化ということに関しては、ヴィンデルバントから後退した観のあるコーヘンの解釈を、カッシーラーは著しく改良していることが分かる。

しかしながら、カッシーラーの構図においても、能動的に働いて対象を構成する理性と、それを眺めてたかだかその働き方を描き出す、ないしは私見をまじえないよう虚心坦懐に写しとらなければならない点で受動的な理性とが、同じ一つの理性であるというのはどのようなことであるのか、少なくともこの点は明確でない。
　なるほど、理性の「二重化」という言葉は便利であり、理解できたような印象は与えてくれる。とはいえ、その意味はけっして自明ではない。カッシーラーの構図では、能動的であるものが同時にまた受動的である。これはどのように理解すればよいのだろうか。また、かれの与えた構図とコペルニクス体系との対応関係は、この場合、どのように維持されるのであろうか。主観に対応すると思われる地球は何に相当し、太陽はこの構図のどこにあるのか。ごく表面的には「理性の中心機能」が太陽の位置にあり、回転する「理性の自己反省」が地球の公転なり自転なりに対応しそうである。しかし、そうだとすると、コペルニクス体系では「静止」しているはずの太陽が対象を構成する「能動的」なものでなければならず、また「転回する」地球のほうは、眺めわたしているだけの「受動的」な性格をもたなければならない。これでは言葉のつじつまが合わないのではなかろうか。その一方で、逆に「理性の自己反省」（地球）を静止させ、能動的な「理性の中心機能」（太陽）を動かすのでは、不動の大地と動く太陽という関係になり、コペルニクス以前の宇宙観にもどってしまう。
　おそらくはここで、以上のような対応づけを、あまりに単純すぎるものとして、即座に却下する見解もあるだろう。すなわち、カッシーラーが主張しているのは理性の「自己反省」であるのだから、この点をより慎重に理解しなければならないということである。目下の例でいえば、太陽の動き（客観）をもっぱら受動的に眺めていただけの視点から、その動きを地球（主観）の転回に由来するものとして把握しつつ（能動）、観測事実を受け容れる（受動）といった、いわば複眼的な視点へと上昇することこそが、コペルニクス的転回の核心にほかならない。予想されるのは、ほぼこうした反論である。しか

し、これは理性の「二重化」という、けっして自明ではない事柄を表す便宜上の言葉を、新たな装いで再利用しているにすぎない。ヴィンデルバントの比喩でいうと、実際の作業を忘却した現場監督が、働く作業員らの実情やそれに影響される製品の微妙な品質その他を、ほとんど反映しない見取り図の作成に専念しているような場合もあるのではないか。いずれにせよ、複眼的な視点への上昇は、理性の自己反省が「自己」の反省になっていることを大前提としているのである。そしてこの大前提は、上記の比喩からも推察されるように、すでに成り立っているものというより、むしろ目指されるべき課題になるのではなかろうか。

たしかに、カッシーラーのような構図が完成した後は、それまで用いられていた「コペルニクス的」という比喩を、もはや無用のものとして打ち捨てるのが良策であるのかもしれない。しかしながら、問題は「単なる比喩」としてさえ成立するのかどうかである。そこで次に、コペルニクス的であるといえるのは、どのような意味においてであるのか、この点を改めて確認しなおさなければならない。

コペルニクス体系の実像と射影的認識

カント解釈としてはもとより、コペルニクスの宇宙観を現在のわれわれがイメージするときに、かなり決定的な誤解がそれに入り込んでしまいがちである。かれが考えた宇宙は、現代的なものではなかった。われわれはしばしば、中心が不在で等方的な——大局的に見ればどちらの方向へも均等に広がる——果てしない宇宙を、コペルニクスに由来するものとして考えてしまう。しかし、これはブルーノに由来する宇宙観であって、コペルニクスのものではない。コペルニクスは、たしかに、中世的な宇宙観における太陽の位置と地球の位置とを逆転させ、不動の恒星天を最外周におき、静止した太陽の周りを地球がめぐる太陽中心体系を構想した。しかし、この宇宙観にあっても、依然として地球は全宇宙の中心近くにおかれていたのである。N・ケンプ＝スミスによると、われわれとは事情が違って、コペルニクスの著作を直接読

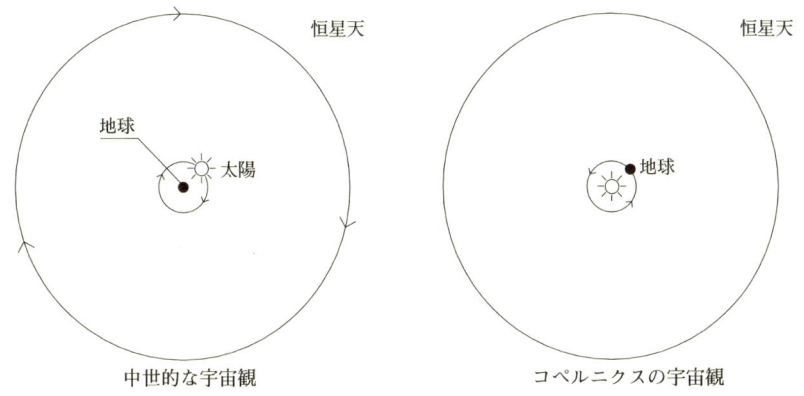

んでいたカントは、このとおりのものとしてコペルニクスの考えを理解していた(14)。そのように受け取るほうがむしろ自然である。

　中世的な宇宙観からコペルニクス的な宇宙観への変化において、地球の位置がどう変わったかということは、宇宙全体のなかではそれほど重要な問題ではない。地球はコペルニクスの宇宙観においても宇宙の「ほぼ」中心に存在しているのであるから、そのことはむしろ小さな問題である。カントがコペルニクスから継承したのは、観測者自身の運動がもっぱら天界へと「射影 project」されて観察されるといった革命的な着想である(15)。地球上に拘束されている――カント認識論の構図では、感性の形式に縛られている――われわれ人間には「射影」されたかぎりでの運動が捉えられるのみであり、静止した天界そのものを認識することはできない。この点からすると「不動の恒星天」なるものは、カントにおける本体世界ないし「叡智界 mundus intelligibilis」に対応し、現象の根底にあって経験的な認識を超えている「物自体 Ding an sich」の性格を呈することになるだろう。

相対的な運動関係の射影

　こうしたケンプ゠スミスの歴史的な解釈は、的を射たもののように思える。しかし、この種の考え方はコペルニクスにとどまることなく、かれよりも後

の時代のガリレオまでは少なくとも歩を進めるまで、考え方としての一貫性を獲得できなかった。

　宇宙の中心は地球か太陽かということが、コペルニクス体系への移行期において、大局的にはそれほど問題でなかったことまでは納得できる。とはいえ、地球の運動についてはコペルニクスの時代以降、ほとんど全思想界をまきこむ大問題となったこともまた歴史の語るところである。そして、この大問題に一定の解答を与えたのは、ほかならぬガリレオであった。カントがかれについて知らなかったとは思えない。コペルニクス的転回の意味として、以上で見たような「射影」をあげるケンプ゠スミスの解釈は、たしかに高く評価されてよいだろう。しかし、物自体ではなく、カントのいう「現象 Erscheinung」としての対象——経験的な認識の対象——を性格づけることに成功しているのかどうかというと、かれの解釈はまだこの点で問題を残している。しかも、認識と対象との関係をめぐるこの性格づけは、すでにヴィンデルバントとコーヘンとのあいだに認められた、認識論の「眺めわたす」主体の問題と表裏している。

　カントにおいて「物自体」はどこまでも認識不可能である。したがって、もしも「不動の恒星天」がそれに相当するものであるならば、もはや「不動」ということすらいえないはずである。というのも、一切の認識が不可能であるのだから、それは静止しているとも運動しているとも判定されえないからである。観察者が捉えているのは、自分自身と諸天体とのあいだの相対的な運動である。このことをも念頭において考えると、カントがコペルニクスから獲得した革命的な着想とは、ケンプ゠スミスがいうほど単純なものではなく、対象と観測者のあいだの「運動関係」があくまでも観測対象へと「射影」されて観測される、というものであろう。われわれには射影であるかぎりでの運動が捉えられているだけで、対象である天体の「絶対的」な運動を知ることも、自分たち自身の「絶対的」な運動状態を知ることもできない。両者のあいだの相対的な運動関係が「対象の運動」として射影された「現象」だけを、われわれは認識している。そして「相対運動」だけが認識（知覚）さ

れるというこの考え方は、ほかならぬガリレオに由来するものなのである。

　たとえば、地球上で観察すると、日周運動に関しては恒星天も月もほぼ24時間という周期でわれわれの周りをめぐっている。しかし、月面上で観察するとどうなるだろうか。地球上からは月の裏側は見えず、月は夜空のどこにあっても表側をこちらに向けている。このことから推理すれば、月面上から地球を眺めると、地球は天上のある位置にいつまでも静止しているように見えることになる。このように、月面上では地球の日周運動ということが、そもそも意味をなくすのである。また、恒星天は月が地球の周りを公転する約27.5日を周期として、月面上に立つ観測者の周りをめぐるだろう。さらに、地球の周囲をめぐる月の運動と、太陽の周りを公転する地球の運動とを共に考えるならば、太陽は約29日周期で月面上に立つ観測者の周囲をめぐることになる。地球上で観測される恒星天の運動は、恒星天と地球表面とのあいだの相対的な運動関係が、観測対象である恒星天の側に射影されたものである。同様にまた、月面上で観測される恒星天の運動は、恒星天と月面とのあいだの相対的な運動関係が、観測対象である恒星天の側に射影されたものにほかならない。月面上で観測される地球の運動も、地球と月面とのあいだの相対的な運動関係が、観測対象である地球に射影されたものであり、この場合はたまたま両者間の相対運動がゼロであるため、月面上で眺められた地球は、天上のある位置にいつまでも静止しているのである。

　では、地球上での観測事実と月面上での観測事実のうち、どちらが真相だといえるのだろうか。観測される「現象」だけからこの問題に決着をつけることはできない。というのも、われわれには相対的な運動関係から脱出することができないからである。たとえ宇宙空間に飛び出したとしても、空間を浮遊する自分と天体とのあいだの相対的な運動関係が、天体側の運動として射影された「現象」を観測するだけであろう。観測状態によらない恒星天の運動状態そのものは、認識がどこまで進んでも、けっして到達できない理念的なものにとどまる。まさしくこの意味で、恒星天は経験的な認識を超えた"対象"領域であり、カントにおける「叡智界」に相当するのである。

ここで改めて、すでにヴィンデルバントが示し、その後の解釈によっても未解明のまま残されている、対象とわれわれがもつ表象——あるいは表象と認識機能——をともに「眺めわたす」認識論の主体は、どこにその視点を定めうるのかという問題を考えてみよう。すると、以上で確認したように、われわれは相対的な運動関係から脱出した視点を確保できない。したがって、対象・表象・認識（機能）をともに眺めわたす認識論は、われわれ人間にとって少なくとも単純なかたちでは不可能ということになる。しかし、ガリレオは実際に、相対運動だけが知覚されているという見解に到達していた。つまり、かれは対象（表象）とその知覚（認識）との関係について吟味することができたのである。これはどのようにしてであろうか。たとえば、塔の上から自由落下する物体は、たとえ大地が動いていても、大地に立つ者からは真下に落ちるように知覚される。この見解はまさしく、今日でいえば走行中の列車内で起こる落下運動の観察をもとにして、運動する大地の上で起こる落下運動を想像するのと同様、経験的に認識可能な視点の差異——たとえば列車内の視点と地上の視点との差異——を、動く大地の視点と大地の動きを外側から静観する視点との関係へと、仮説的に拡大適用することによって獲られるのである。

以上のように、認識論が成立するためには、経験的な認識に根ざしつつ仮説として案出される「眺めわたす視点」が欠かせない。「現象に関してすでに知られている諸法則に従って、与えられた現象と結びつけられるものとは別の物も、また説明根拠も、与えられた現象の説明にむけて引き合いに出されてはならないのである」（A722＝B800）。この原則を破るのであれば、カントの認識論そのものが、有限な人間理性の守備範囲から逸脱した——運動の認識でいうと相対的な運動関係から脱却した——絶対的な視点への超越を要求していることになってしまうだろう。しかし、前節でも確認したように、この種の独断論的な要求はカントが理性批判を通じて却下しようとしているものにほかならない。それゆえ、認識論の主体がわれわれ人間の守備範囲内でその課題を遂行するためには、経験に根ざしつつ仮説を創造する、まさに

そのかぎりでの「眺めわたす視点」を、主体的かつ能動的に創設することが必要条件となる。そして、ケンプ＝スミスの主張する「射影」としての認識もまた、この条件を満たすことによって初めて、諸天体の観測事実を——太陽の周囲をめぐる地球という——仮説から説明するコペルニクスの試みと、無理なく重なるのではないだろうか。

中心に立つ仮説創造者の位置

　さて、ケンプ＝スミスの解釈では、中心の位置に関する問題と観察者であるわれわれ自身の能動性（主体性）に関する問題は背景に退いてしまうが、むしろ位置に関する問題にコペルニクス的転回の核心を見る解釈にも、かなり周到なものがある。K・R・ポパーによると、コペルニクスはわれわれ人間主体を特権的な位置（宇宙の中心）から引き離すと同時に、仮説を創造する主体としてすべての事柄の中心においた。「ある意味において、宇宙がわれわれの周りを回っているとをも示している」[16]。ポパーはこのように、人間を単なる観察者の地位から仮説創造者の地位へと転換させたことが、コペルニクス的転回の真相だと考えている。そしてかれは、中心から離れ、しかも中心に立つといったこの「両面的意義 ambivalence」こそが、コペルニクス的転回の最も重要な特徴にほかならないと述べている[17]。

　一見するとポパーの解釈は、かれ独自の立場へとカントを曲解しているようにも思え、また「仮説創造者」という性格づけは、ヴィンデルバントに代表される理性の産出性が特殊な形態をとっただけのものであるかのようである。さらには「両面的意義」という性格も、理性の「二重化」というカッシーラーの解釈をめぐる最終的な問題の、単にかたちを変えた再燃でしかないようでもある。しかしながら、中心の位置から離れることと、中心の位置に立つこととを、まさに同じ一つの事態として解し、それを積極的に「両面的意義」と呼んでいることは、看過されてはならないであろう。

　カッシーラーでは、複眼的な視点に上昇した理性が本当に「自己自身」を反省するのかどうか、この問題に十分対応できているとは言い難かった。能

動的であるかのようで、どこか受動的でもあるといった理性の性格も、解明されずに残されていた。これに対して、ポパーは〈観察者であると同時に仮説創造者でもある人間主体〉という明確な特性づけによって、この問題に応えているともいえる。すなわち、ポパーの解釈を敷衍すると、同一の人間主体が観測事実をあるがままに受け容れる（受動）だけではなく、そのような自分の位置がどこにあるのかを仮説創造的な視点から自己反省的に吟味し、人間自身が主体的に創造した仮説によって（能動）、宇宙における自らの位置を適切な場所に特定する（能動的かつ受動的な自己反省）、ということになるのである。そして、この方向性をもつ解釈は、今日において一つの趨勢となっている。

視座の自由な選択を許す立場の取得

　F・カウルバッハは、われわれが何かを認識するときに、そのつど適切な視座（パースペクティヴ）を選択していることを重視している。たとえば、一個の電球を認識する場合に、特定の部屋を明るくするのに十分なものとして、あるいは部屋の装飾を綺麗に照らし出すものとして見るのであれば、その電球は家電用品を評価する視座で認識されている。他方、一個の電球を消費電力や電気抵抗の値として見るのであれば、それは工学的な視座で認識されているのである。このように、われわれは諸対象を、そのつど自分たちの選ぶパースペクティヴのうちに移し入れて認識し、選んだパースペクティヴのもとで評価している。「われわれは認識の諸対象を、自分たちの選ぶ立場から、〔選んだ立場に応じた〕パースペクティヴのうちに移し入れるが、それ〔カントのコペルニクス的転回〕が意味するのは、学的な認識が〔そのようにして選ばれる〕パースペクティヴの適用に依存しているということなのである」[18]。カウルバッハはこのように指摘しているが、一個の電球がそのつど選択された視座に応じて、しかも選択された視座に依存して認識されるのと同様、学的な認識もまた、どのような視座が適用されるかという、前もっての選択に依存して成り立つということである。

このように、カウルバッハは、ポパー的な仮説創造者が採用する視点を、学的な認識の背景となるパースペクティヴ（視座）として性格づけている。そしてさらに、コペルニクスの前例に対しても以上のような構図が適用され、改めて捉え返される。「コペルニクスは天文学者として、世界記述の一つの立場を太陽のそば近くに選ぶことができる。それというのも、かれがすでに『前もって』より根本的な基盤からの（grund-legender）立場取得を達成していたからである、すなわち天文学的な動機づけに応じて、そのつど、秩序立った（kosmisch）世界記述をする、あれこれの立場を選ぶといった、自由な可能性の大地の上に立つ立場の取得を、すでに達成していたからである」[19]。引用の後半は理解しにくいが、コペルニクスは太陽中心の体系を考案するときに、すでに地球を中心とする旧来の根強い常識から自由になっていたということである。そして、かれはこの自由によって中心がここにあるとどうなるか、これとは別のところにあるとどうか、というように想像してみるうちに、太陽中心の秩序立った体系こそが首尾よく観測事実と合致すると考えた。カウルバッハはこのように、コペルニクスが太陽中心の体系を考案する以前の段階で、すでに旧来の常識から自由になっていたことを「自由な可能性の大地の上に立つ立場の取得」と表現し、また「より根本的な基盤からの立場取得」と呼んでいる。

　カウルバッハの指摘は、カッシーラーにおける理性の自己反省が自由——カントの言う超越論的な自由——によること、そしてこの自由が学的認識の依存する仮説創造的な視点（視座）の取得を前もって可能にしていることに、厳密な解釈を与えているともいえる。今日では、自由の意味として「自分の思いどおりにする」ということが優勢であるのに対して、ここで述べられている自由は、思いどおりにする責任をすべて引き受けたうえで、独自の視点（視座）を自ら創設するところまでいかないと完結しないような主体性を意味している。この点からすると、コペルニクスが「自由な可能性の大地の上に立つ立場」を取得した境地、すなわち旧来の根強い常識から解放された境地とは、新たな世界体系の構想が明確な焦点を結ぶまで、不安に苛まれつづ

ける逆境でもあったといえるだろう。

　通常は「自由な可能性の大地に立つ」というと、揺るぎない確かな基盤を獲得するかのように印象づけられる。しかし、これはむしろ反対で、新たな視点を独力で創設するまでは揺れに揺れる基盤喪失の状態だと理解しなければならない。カウルバッハによると「自由とはすべての可能な立脚点の〔採用をゆるす〕立場のことであり、すべての可能なパースペクティヴの〔選択にむけて開かれた根本的な、すなわち超越論的な〕パースペクティヴのことにほかならない」のである[20]。明確に語られてはいないながらも、かれが「すべての可能な立脚点の立場」、および「すべての可能なパースペクティヴのパースペクティヴ」といったように、かなりきわどい表現を用いているのは、この文脈で述べられている自由の立場が常識的な意味から逸脱している事情の現れであるともいえそうである。

　いずれにせよ、カウルバッハの解釈はポパーのそれよりも、はるかに進んだものになっている。しかし、たとえば太陽系の全貌を俯瞰する視点は、必ずしも「太陽のそば近く」ではない[21]。われわれが太陽系のモデルを眺めるときに、視点は中心近くの太陽近傍におかれているのかというと、いうまでもなく視点はモデルの外側にある。なるほど、カウルバッハの力点は世界記述に適う自由な立場の取得であるため、これはさほど大きな問題ではないともいえるだろう。しかし、われわれの経験的な視点が一方にあり、他方では根本的なパースペクティヴの取得が学的な認識を初めて可能にしているとすれば、両者が合一して唯一の主体であることは、そもそも如何にして可能であるのか。このことが改めて問題になる。カッシーラーやポパーでは、お

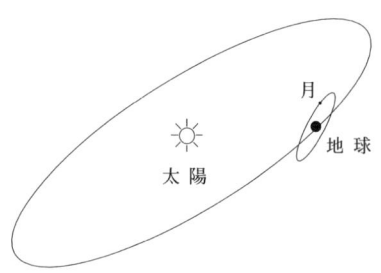

そらく、この問題は現に諸科学が成立している事実ということで打ち止めにされるであろう。学問以前の素朴な日常経験だけではなく、われわれにはまた、それを学的に認識することができている。人間主体は現にそうなっており、理性批判はこれを認識論的に跡づけているのであって、人間の主体的な視座の成り立ちを解明することはしても、それ自体を他の何かで根拠づけるような目的はもともと持ち合わせていない。諸学の成り立ちこそが人間の主体的な視座の成立を保障し、逆にまた、人間の主体的な視座の成り立ちは、諸学の成立とその発展を保障する。つまるところ、これが回答になるのではなかろうか。

仮説創造的な視点の特異性

　しかしながら、根本的なパースペクティヴの取得によって成立する学問的・仮説創造的な視点からは、学問以前の素朴な経験において知られる事柄とはおよそ異なった認識がなされている。これは特に難しいことを問題にしているのではなく、むしろ誰もが実感していることの再確認である。

　たとえば、月の軌道やその加速度ベクトルが描かれたとき、それは現実の月およびその運動状態と似ているだろうか。曲線で描かれたその軌道が天上に存在するのかというと、そのようなものは存在しない。望遠鏡で月の速度ベクトルが観測されるのかというと、そのようなことはありえないのである。しかも、月軌道やベクトルを描くときに、われわれは月と地球を同時に俯瞰するような静止した視点に立っている。その視点は地球とともに静止していなければならない。仮にそうでなければ、ここで問題にしている力学的な概念図は、そもそも描けないであろう。その一方で、理論的な理解に徹するかぎり、われわれは地球が静止しているとは考えない。地球は太陽の周囲を運動しているのである。そうでなければ、季節の変化や太陽の年周運動という事実と、合致しなくなってしまうだろう。したがって、月と地球を同時に俯瞰する仮説創造的な視点は、静止していると同時に運動していなければならない。以上のように、概念図を構成する理論的なツールが、存在しかつまた

存在しない何かを表しているだけではなく、概念図を構成する理論的なパースペクティヴは、静止しかつ運動しているといった、実に奇妙なものになっている。

　概念図は、そのものがあくまでも概念図にすぎないことをおのずと示し、曲線で表現される月軌道が宇宙空間に存在しているわけではないように、それが現物について語っているのでは「ない」ということを先行的に了解させつつ、月運動のような理論的事実を表示している。つまり、概念図そのものは観念的なものでしかなく、現実そのものを表しているのでは「ない」という、まさにこの否定によって、たとえば月の運動を間接的に表示しているのである。同様にまた、概念図を構成するパースペクティヴは、静止しているのでは「ない」ということを先行的に示しつつ、これによって初めて、概念図を描く静止したパースペクティヴとして成立しえている。このように、理論的な理解やその背景となる仮説創造的な視点（視座）には、矛盾めいた性格がつきまとっているのである。そして、まさしくこの性格に支えられて、学問的な認識は学問以前の素朴な日常経験と接することができているともいえる。奇妙なことではあるが、文字どおりの意味で月軌道の実在を主張する者は、科学的（学問的）であるどころか、むしろ極端な迷信に囚われた非科学的な人物にほかならないのである。

　さて、上記のような矛盾めいたパースペクティヴが成立することは、いかにして可能であるのだろうか。カウルバッハの主張する自由なパースペクティヴの取得は、この可能性を理性ないし認識能力のうちに確保することで初めて、かれの主張する「自由な可能性の大地の上に立つ立場」からなされることになるだろう。この問題は、しかし、次節で検討することにしたい。その検討にむけて、本節までの論点を再確認しておくのがよいだろう。

検討されていない問題

　以上のように、今日に至るまで積み重ねられた解釈のなかで、最も入念なカウルバッハの「すべての可能なパースペクティヴの選択を許す根本的なパ

ースペクティヴ」においてさえ、その成り立ちのうちには矛盾めいた特異性が影を潜めている。そしてこの特異性は、前節から扱ってきたどの解釈にも関係する、理性の視点ないし立場の成り立ちに孕(はら)まれているのである。まとめ返しつつ列記してみると、「主観と客観の関係を眺めわたす認識論の観点」「自己自身に向かって反省する理性の視点」「事実を射影として把握する視座」「仮説創造者の位置」「秩序立った世界記述を可能にする自由な立場」等々、各解釈はそれぞれ固有の表現で、コペルニクス的転回の重要な諸位相を際立たせている。とはいえ、いずれの解釈においても、これらの視座や立場の成り立ち――矛盾めいた成り立ち――については、不思議とまったく検討されていなかったのである。

　ヴィンデルバント以来、陰に陽に各解釈の背景として予想された「作業場モデル」は、ポパーを介してカウルバッハの解釈において、いわば「仮説構想モデル」へと転成をとげていた。しかし、以上の検討から確認されるように、仮説および仮説構想の視座が呈する奇妙な特性については、まだ十分な分析が試みられていない。それゆえ、残された課題は、これまでに扱った諸解釈に認められる問題点を、まったく異なった角度から克服しようとする解釈について、さらに検討することである。それはまた、カウルバッハが提示したコペルニクス的転回の特異な視座を、理性批判というカントの構想のうちに、改めて定位しなおす解釈の試みでもある。

第3節　理性批判と古典古代的民主法廷

　カントは数学や自然科学の歴史を回顧しつつ、それらのうちに認められる革命的な思考様式に着目し、これを裁判に譬えて性格づけている。かれによると、「理性は〔……〕たしかに自然から教えられるために自然に迫るとはいえ、しかしその場合に一生徒の資格（Qualität eines Schülers）においてではなく、正式に任命された裁判官（Richter）の資格で、自分の提出する質問に対して証人（Zeuge）が答弁することを強要する」のである（BXVI）。

理性は自然現象に臨んで、それが自分自身の案出する仮説どおり、首尾一貫したものとして理解できるか否か、このことをめぐって証人に答弁させる、ということであろう。自然科学はその最終的な証人となる自然に対して、ここで主張されているような答弁を、実験という仕方で強要する。おそらく、この対応づけは大きく的を外してはいないだろう。しかし、自然科学のなかでも天文学については、いうまでもなく通常の意味での実験ということは問題にならない。この点はともかくとしても、カントがこの主張において「証人」に譬えているのは、自然ないしは自然現象なのだろうか。仮にそうだとすれば、観察（観測）される自然は裁判官の要求に応じて、プトレマイオスの案出した天動説の仮説どおりになっていることを、それこそ誠実に証言するであろう。これではしかし、コペルニクスの前例に倣おうというカントの提案は、まったく意味をなさなくなる[22]。このように、法廷モデルでかれの提案を解釈するうえでは、微妙な問題が各所から噴出してくる。

人間理性の救出と理性の法廷

　上掲の引用箇所を表面的に理解すると、今後の形而上学は実験科学と同様の意味で裁判官の資格をもたなければならない、といった提案として印象づけられる。しかし、注意しなければならないのは、経験を超えた形而上学の認識が数学や自然科学とは異なって「理性が理性の生徒になる」と、カントが明言していることである（BXIV）。前節で検討したように、理性批判においては理性そのものが二重化される。そして、ここでは理性が理性自身を観て、そこから教えをうける生徒となる、と述べられているのである。では、教える立場の理性はどのような身分にあるのか。他方、教えをうける理性、あるいは傍観者の立場にある理性は、どこで何をしているのだろうか。また、数学や自然科学と形而上学との類比は、カントにとってどのようなかたちであれば許されるのであろうか。これらはけっして自明なことではない。しかも、カントが特定の箇所でこの種の疑問に対する答えを明確に語っているのであればともかく、該当しそうな特定箇所は見当たらない。このため、理性

批判の全体的な構成と、カントが実際に遂行している課題を視野に収め、そこに改めて問題をおきなおしてみる以外に、解釈を進める余地は残されていない。

しかしながら、そもそもカントの理性批判が一貫した課題としているのは、仮象を暴くことであった。かれは理性批判を通じて、とりわけ（独断的）形而上学において登場する仮象を、その成立機構にいたるまで解明している。これによってカントは、理性がある種の宿命から必然的につくりだしてしまう仮象を、徹底的に批判したのである。カントは理性批判において、まさにこうした課題を着実に遂行している。理性批判の目標は、こうした課題遂行により、あたかも「戦場 Kampfplatz」と化している形而上学の歴史に終止符を打つことであった（BXV, vgl. BXXXIV）。仮象というものは、有限な人間理性が自らの対象である「現象」の領域を逸脱して、領域外でその能力を行使したときに生じる。つまり、仮象は人間理性が犯す「越権 Anmaßung」に由来しているのである。そのように生じる仮象の本性を全面的に暴き、理論理性——理論的に働くかぎりでの理性——に与えられた本来の守備範囲を明確に境界づけることで、理論領域の外側に広がる実践の領域へと、今後は道を開かなければならない。まさにそのようにして、形而上学再建の足場を理論の守備範囲から実践の領域に移すことが、カントの計画にほかならなかったのである。

以上のような再建計画を実施するにあたっては、何よりもまず仮象の本性を全面的に暴き、仮象をめぐる死闘の場ではなく、これに代わる正当な権利闘争の場を創設しなければならない。もとより「批判 Kritik」の原義（krinein）は、判定する、限界を定める、裁判にかける、等々である。カントが理論理性の思弁的な理性認識に対して試みたのは、これらの原義が直接間接に示しているように、当時に至る形而上学の戦場を「純粋理性の法廷」へと変容させることにほかならなかった[23]。

形而上学においては、すでに思考法の変革を遂げて着実な道についている諸学問とは異なって、理性が理性の生徒となる。したがって、ヴィンデルバ

ントやコーヘン、さらにはポパーその他の解釈にもその一端が認められたような、能動性に偏った「理性」が想定されているわけではない。では、カントの理性批判を「法廷モデル」で解釈する場合、理性はどのように性格づけられるのであろうか。かれの設定によると、理性は最も広い意味でのそれであり、感性や悟性をそのもとに包括するだけではなく、認識に関わる理論的な能力から行為に関わる実践的な能力までも含んでいる。それゆえ、理性を批判するもの、すなわち理性を法廷において審理する主体は、理性自身をおいてほかにはもうない。そこで問題になるのは、理性が自らを裁判にかけるとはどのようなことであるのか、ということである。被告が同時にまた証人や裁判官でもある裁判というのは、矛盾とはいわないまでも、実に奇妙な裁判の形式というほかない。理性批判の論証構造において、原告、被告、証人、そして裁判官は、理性のうちのそれぞれどのような位置に立って、いったい何をしているのだろうか。

思考法の変革とその典型的な事例

　さて、ここでカントの法廷モデルを再構成したいところだが、そのためには一つの準備作業が必要となる。それはかれが限定つきとはいえ、倣うべき前例としてあげていた思考法の変革に関係する。数学はかつて「ギリシア人という驚嘆すべき民族」のもとで変革を遂げた。第1節で見たように、カントはこのように評価している。より具体的には、二等辺三角形の証明を初めて行ったタレスのうちに、数学における思考法の決定的な変革が認められるということである（vgl. BXIf.）。そして、この変革が理性法廷との関係でどのような特徴を示すのか、現代の知見も利用しつつ、これを描き出しておくことが、法廷モデルを再構成するための準備作業となる[24]。

　二等辺三角形の両底角が互いに等しいことを初めて認識し、証明した人物は、カントがその名をあげているタレスであった[25]。かれは紀元前6世紀初めにミレトスという都市で活躍した半ば伝説的な人物である[26]。アリストテレスはかれを、神話による説明を行うテオロゴイ（神を語る人々）の思

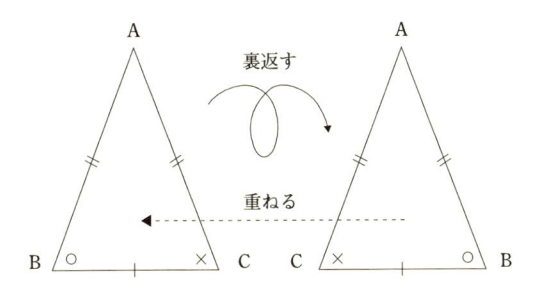

索に背を向けて、自然そのものの諸原因を探求したピュシオロゴイ（自然を語る人々）の最初の人と評している⁽²⁷⁾。アリストテレスの時代にはすでに、その多くが伝承によって知られるだけになっていたようだが、現在では数学史家の緻密な研究によってタレスの行った幾何学上の証明が推定され、再現されている。

　それによると、二等辺三角形についてのかれの証明は「重ね合わせ」の方法を基礎とする極めて単純明快なものであった。二辺の等しい三角形を描いて、それを裏返したものを考えると、二辺は互いに等しく、また底辺は同一なので、両者は完全に重なる。完全に重なる以上、それぞれの角も完全に重なるほかないため、両底角は等しい、といったものである⁽²⁸⁾。ようするに、裏返したものと重なるので等しいということである。

　この証明が地面に線で描かれて行われたのか、別の何かに描かれて行われたのか、あるいは頭の中に思い描かれて行われたのかは不明である。しかし、いずれにしてもカントの推察は本質を射当てているということができるだろう。タレスの二等辺三角形は、たしかにその概念（定義）にしたがって自発的に構成され、構成された形象において両底角の等しいことが証明されているからである。しかし、問題はここからである。このようにして構成される二等辺三角形には、いかなる役割が与えられているだろうか。また、それはどのような性格を担っているのだろうか。

　当然のことながら、概念にしたがって自発的に構成されるとはいえ、実際

に描かれた二等辺三角形は特定の大きさと固有の形状をもったものである。それは幅のある線で描かれ、多少たりとも歪みのある個別具体的な1つの二等辺三角形であるほかない。たしかに、頭の中だけで思い描けば、線の幅や歪みなどは度外視された純粋な二等辺三角形になるかもしれない。それでも、1つの固有な形態の二等辺三角形であるということは否めない。尖った二等辺三角形でも、つぶれた二等辺三角形でもなく、それでいてあらゆる形態の二等辺三角形でもあるような図形を思い描くなどということができるかというと、それはもちろん不可能である。われわれには、そもそも、線の幅が完全にゼロの図形を思い描くということさえできない。なるほど、数学的な証明であるから、具体的な図形を思い描くことは不要だという意見があるかもしれない。しかし、図形の構成を一切拒むのであれば以上のような証明はできない。そして、思考においてさえ、構成され描かれるのは、ある特定の二等辺三角形なのである。

仮説創造的な視座の特異性

　ここでは、しかし、タレスの証明が欠陥をもつということを論じようとしているのではない。かれの行った証明が上掲のようなものであったとして、またその証明に登場するのが二等辺三角形一般といったものではなく、ある特定の二等辺三角形でしかないとして、それでもすべての二等辺三角形に妥当する一般的な証明になってるということ、これはむしろわれわれの共通了解である。しかもこの証明は、カントが「数学の認識は普遍を特殊において、否それどころか個別的なものにおいて考察する」（A714＝B742）と述べる一連の議論と完全に符合している。とはいえ問題は、こうした共通了解ができるためには何が前提されなければならないか、というまさにこの点である。

　この前提を探っていくと、証明のために描かれる図形が、奇妙な性格を担っていることに気づかされる。実際に描かれた二等辺三角形は、まさしくそこに描かれて存在している、他にはない固有の二等辺三角形である。と同時に、描かれたその二等辺三角形は、特定の二等辺三角形であってはならない。

それは二等辺三角形一般という、本当は描くこともイメージすることもできない"何か(?)"を表していなければならないのである。そうでなければ、現に描かれた当の二等辺三角形についてだけ、両底角の等しいことが示されたにすぎないことになってしまうだろう。しかし、これでは証明の名に、まったく価しないのではなかろうか。証明のために描かれた個別具体的な図形は、そのものに留まってはならないのである。以上をまとめて表現すると、描かれた当の図形は「そのものであり、しかもそのものではない」といった、実に謎めいた存在性格を呈していることが判明する。そして、そのかぎりでのみ、証明は証明たりえているのである。タレスが二等辺三角形の証明を行ったとき、ここで確認したような奇妙な性格をもつ思考様式が、かれの証明に持ち込まれている。しかし、この証明に特徴的で、しかもある意味では異様なことは、単にこれだけではない。

　先ほどの証明図でいうと、二等辺三角形 ABC は、これを裏返した二等辺三角形 ABC と完全に同じ図形であってはならないのである。これはどのような意味かというと、もしも裏返してできた ACB が、あくまでも ACB として理解されるのでなければ、それは見てのとおり二等辺三角形 ABC であるほかないということである。しかしそうなると、もともと同じ図形が重なるだけで、証明どころか認識はまったく進展しないからである。したがってこれが証明であるためには、奇妙な確認になるとはいえ、二等辺三角形 ABC と二等辺三角形 ACB とは同じであってはならず、同時にまた完全に重なる同じ図形でなければならないのである。前節の最後に予告しておいた理論的——ないし仮説創造的——な視座の特異性が、まさしくここに認められる。そして、2つの二等辺三角形が相互に示す関係は、これもまた「そのものであり、しかもそのものではない」の一形態にほかならない。

　ところが「そのものであり、しかもそのものではない」奇妙なものは、科学において広く重要な役割を演じている。ガリレオの考案した斜面の実験もまた、実はこれであったことが分かる。かれが行ったのは、実験のために作られた特定の斜面に1つの玉を置き、それが転がり落ちる仕方を観察するこ

第3節　理性批判と古典古代的民主法廷　37

とである。そこにあるのは他の何物でもない1つの玉であり、観察されるのはその玉の転がり落ち方である。と同時に、その玉は特定の玉であってはならず、その玉だけに固有の転がり落ち方であってはいけない。そこにあるのは物体一般であり、観察されるのは落下現象一般なのである。そうであるがゆえに、この特定の実験がいつでも必ず成り立つ落下の法則を、1つの具体例で証明したことになるのではないか。しかもこの実験で観察され、また測定されるのは、測定可能なかたちに置き換えられた自由落下の一例でなければならない。ところが、いうまでもなく、それは自由落下と同じでない。ガリレオの実験では、あくまでも斜面での運動が測定されているのであって、自由落下が測定されているのではない。それでいて、理論的にはそれが自由落下と同じでなければ、二等辺三角形の証明がそうであったように、認識はまったく進展しないのである。

係争の事実経過

　準備作業はこれで完了した。そこで次に、法廷モデルの再構成にむけた、より権利闘争としての特徴が鮮明な事例を設けることにしよう。ここでもまた幾何学の例を用いることにしたい。カントは今日においてもよく知られている、三角形の証明問題に、特別な関心を示している。それは三角形の内角の和が2直角になるという定理の証明問題である（vgl. A716f.＝B744f.）。周知のようにこの証明はユークリッドの平行線に関する定理に従ってなされるものである。有名な証明なので説明は省くことにして[29]、仮にタレスであればこれをどのように証明したであろうか、ということについて想像してみたい。タレスは当然のことながら、ユークリッド（エウクレイデース）よりも、はるかに過去の人物であるため、この種の想像が時代錯誤になることは明白である。しかも、タレスによる二等辺三角形の証明が再現されたのはまだ最近の話であるから、カントはこのような想像と無縁であった。そのかぎりで、以下で試みられるのは、まったく試験的な想定というほかない。しかし、そのことを承知のうえで、あえてこうした想定を試みることにしたい。

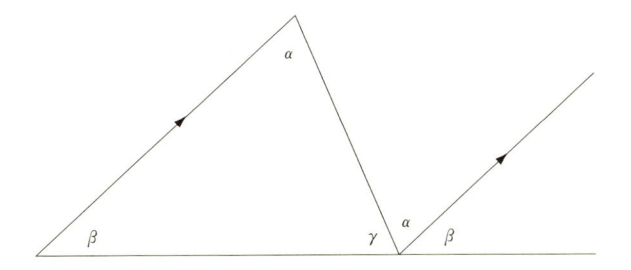

タレスについて現在の時点で分かっているのは、かれが同じ図形を重ね合わせる方法に訴えていたことである。ユークリッドの定理を使う、ある意味では極めて抽象的な思考法から、タレスは一線を画している。とはいえ、二等辺三角形の証明に準ずる方法でも、三角形の内角に関する証明に見通しがつけられないわけではない。たしかに、二等辺三角形の証明と比較して、複雑な手続きをとらなければならないのは事実である。しかし、ともかくこれを想像してみると、タレスであれば同じ図形を重ねる手続きに訴えると思われる。そこで、とりあえず三角形を描いてみることから、描いた三角形をどこかで重ねるところまで想像することが当面の方針となる。二等辺三角形の場合と同様、描いた三角形を△ABC と表記することにして、これを回転した三角形を△DEF とする。

　このとき、回転してできた三角形は、回転することによって辺の長さそれぞれが変化するわけではない。したがって、辺 AC と辺 DF は互いに等しく、重ねれば完全に重なるのでなければならない。ここでさらに、△ABC を回転しないで、まったく同じものを右側に移してみることにする。そして、移

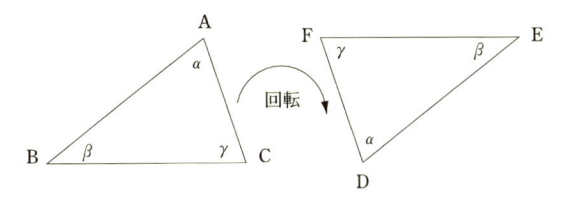

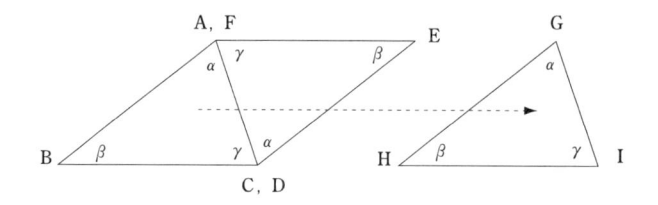

した図形を△GHIとする。すると、同様の理由で辺DEと辺GHは等しく、重ねれば完全に重なるのでなければならない。以上に加えて、△ABCとまったく同じ図形を右上に移す。そして、移されたその三角形を△JKLとす

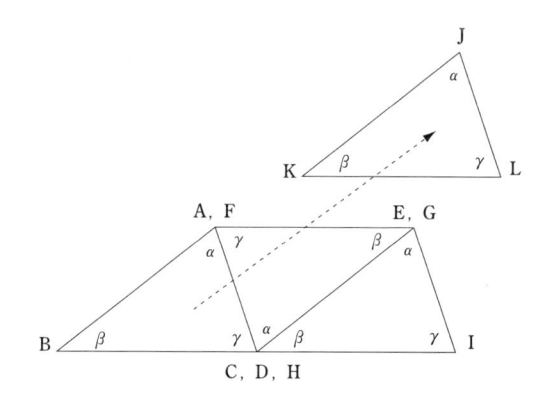

れば、辺EFと辺KLは等しいので、両者は完全に重なるのでなければならない（次頁の上図参照）。ここまでの手続きにより、当初の△ABCをもとにして、相似比でいうと2倍の大きさの△JBIが構成されるわけだが、ここではまだ同じ長さの辺と辺とが完全に重なるということしか分かっていない。そこで、現段階では慎重に△ABCと同じ図形4個からなる新しい図形JBIが構成された、という確認にとどめておきたい（次頁の下図参照）。

模擬裁判の権利闘争

　さて、ある人が△ABCを描いたとしよう。この人は、三角形というもの

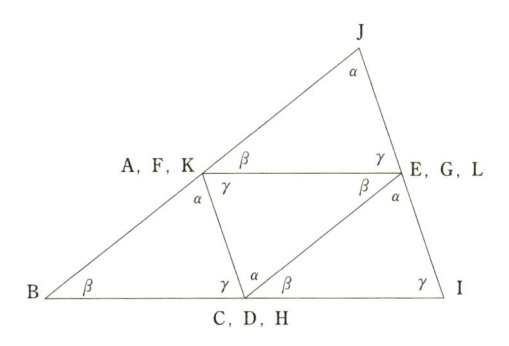

が三つの辺で囲まれた三つの角をもつ平面図形であること（定義）にしたがって、角αと角βと角γをもつ特定の三角形を描いた。これに対して、別の人が前段の手続きによって、新しい図形JBIを描いたとしよう。後者が行った手続きからすると、△ABCを回転した三角形や移動した三角形と当初の△ABCを比較して、それぞれ辺が等しいということで、あくまでも辺同士が完全に重なったのである。そのかぎりでは、可能性として図形JBIが三角形とはならず、たかだか複数の辺をもつ平面図形としかいえないものになるかもしれない。したがって、最初に△ABCを描いた人が、図形JBIを三角形とは認めないと主張することは大いに考えられる。というのも、図形JBIを描いた人は、単に辺が重なることだけにもとづいて、かれの図形を描いたか

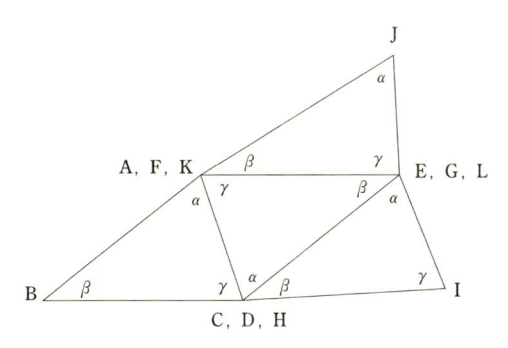

第3節　理性批判と古典古代的民主法廷　41

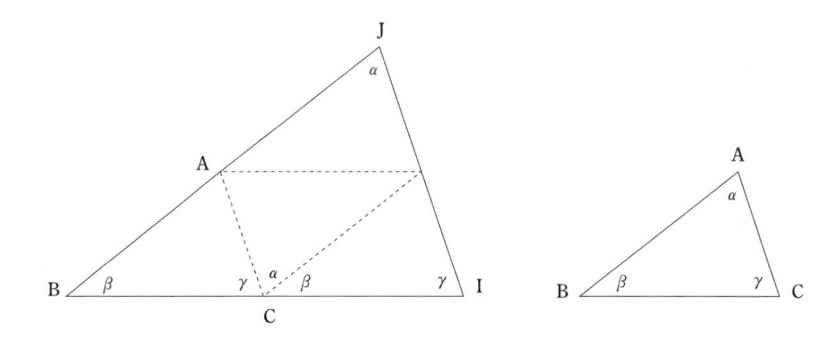

らである。しかし、図形 JBI を描いた人は、できあがった図形が△ABC とまったく同様に、角 α（∠J）と角 β（∠B）と角 γ（∠I）からなることを訴え、それでも図形 JBI が三角形ではないと主張するのであれば、最初に△ABC を描いた人が自分の描いた図形だけを三角形とする根拠を求めたとしても不思議でない。便宜上、以下では△ABC を描いた人は原告、図形 JBI を描いた人は被告、そして両告それぞれの申し分と実際に採用されている手続きを確認していく役柄が証人であることにしよう。

　原告は自分の描いた図形が三角形であることを正当化する一方、その三角形を回転したものや移動させたものが各辺において完全に重なるとはいえ、新たに構成される図形が三角形になるとはかぎらないと訴える。これに対して、被告は新たに構成された図形 JBI が三角形でないならば、原告の描いた図形も三角形とはいえないと抗弁する。ここで、これまでの順序と逆になるが、まずは被告の主張を定式化すると、

　　［正　命　題］図形 JBI は、三角形である

ということになる。他方、原告の訴えは、

　　［反対命題］図形 JBI は、三角形とはかぎらない

と定式化されるだろう。このように、両告の申し立ては全面対立しており、一方が成り立てば他方は必然的に棄却され、また一方が棄却されると他方は必然的に成立する関係になっている。これは矛盾対立と呼ばれる全面対決の形式であり、両告の訴えを比較すると明らかになるように、三角形か三角形とはかぎらないか、という二者択一の問題であるから、第三の可能性は完全に締め出されているように思える。これは最早、いずれが生き残るかを賭けた死闘による以外、決着のつけようのない対決図式となっている。

証人が見抜く実情

では、どのようにこの権利闘争が進展するだろうか。証人はそれぞれの権利主張がいずれも矛盾なく理解できることを認識するだろう。そして、かれは原告が訴えるように、図形JBIが三角形にならない可能性は否定し尽くされていないことを認めるにちがいない。ちなみに、ここで証人の役柄を演じているのは、以上の議論をたどりつつ考えている読者自身である。このことはひとまず措いて、証人はさらに、被告の訴えどおり、原告の図形を三角形としつつ図形JBIを三角形とはしない、何か理念的な根拠が、人間を超えた神々の目からすれば歴然として存在するのかもしれないとはいえ、少なくとも自分たち人間にとっては、その種のものがどこにも見当たらないことをも認めるであろう。「或る理念が実在することを主張する者は、けっして自分の命題を確実にするだけ多くを知っているわけではない一方、敵対者側もまた反対〔命題〕を主張するに足るだけ多くを知ってはいない」（A776＝B804）。証人からすると、これは双方が率直に認めてもよいような、両告に共通する実情だといえる。

およそ以上のように答弁と審理が進展したとすると、これを冷静に傍観する立場の者は、ある事柄を初めて——結論をすでに知っている者が追認する場合には"自ずと"改めて——学ぶことになる。すなわち、傍観者は、全面対立する両告が「3つの角 α, β, γ をもつ図形は三角形である」という申し分に関するかぎり、双方とも実はまったく同じ権利を主張していることに気

づくのである。しかも、被告は原告と同様に、3辺と3角からなる平面図形を描くといった共通ルールに則って自らの権利を主張している。3つの角を α, β, γ とする当初の取り決めもまた、まったく裏切られていない。したがって、対等な権利を認める判決は「3つの角 α, β, γ からなる図形は同等の権利で三角形である」というものになるであろう。この判決によって、図形JBIが三角形にならない可能性を盾に、いずれも共通ルールに則って3つの角 α, β, γ からなる図形を描いたにもかかわらず、図形ABCだけが三角形であって、図形JBIは三角形でない、と断定する原告の権利主張は越権として斥けられる。これと同時に、共通のルールと3つの角 α, β, γ という取り決め以外に、図形ABCを三角形とする決定的な根拠が示されなければ、それは三角形ではないと訴える被告の権利主張もまた、越権として斥けられることになるのである。

　タレスは自分の影が自分の身長と等しくなったときに、ピラミッドの影の長さを測ることで、ピラミッドそのものの高さを測定したと伝えられている[30]。これは三角形の相似に関係する手法であり、自分とその影からなる関係を、大規模なピラミッドとその影からなる関係と、いわば同一視する考え方の具体例にほかならない。いうまでもなく、卑俗な前者と聖なる後者を外見で比較すれば、まったく別ものと考えるのが当然であろう。それでも、タレスは両者を同一視したのである。前者は後者と同じであり、しかも同じではまったくない。こうした捉え方によって、さもなくば測定しようのない高さを、一個の人間たるタレスは見事に測定できたのである。図形JBIは△ABCと同じであり、しかも同じではまったくない。これによって、図形をめぐる新たな認識は、権利闘争に関わる者たちすべてに分け隔てなく共有される。ピラミッド測定の伝承を考え併せるならば、以上で想定した模擬裁判の例は、それほど的外れなものだとは思えない。が、この点はともかくとして、模擬裁判で下される判決の意味内実をさらに詳しく探ってみよう。

越権の除去という無言の背景

　たしかに、原告が訴えていた可能性は解消されないかもしれない。また、被告の要求したような根拠が具体的に示されなければ、三角形というものは描きえないという可能性も残るであろう。しかし、ここで下される判決によって、3つの角 α, β, γ からなる図形が三角形にならない危険性の負担は、被告と原告だけではなく、裁判官や証人も含めて、この権利闘争に関与した誰もが平等に引き受けることになる。しかも、共通のルールに則って創意工夫された被告の答弁からは、図形 JBI が三角形として認められることによって、線 BCI が△ABC の辺 BC と同等の権利で直線であること、それゆえ α, β, γ をすべて加えると2直角になるという新たな認識が獲得されることにもなる。そして、この成果は危険性の負担と相表裏して、余すところなく平等に享受されるのである。カントが「驚嘆すべき民族」と評した人々は、各人が徹頭徹尾それぞれの信念を真に貫く以上、ものごとの根拠を不可思議な神々に委ねて安堵する希望をあえて断念した。そしてかれらは、自分たち人間が納得ずくで互いに平等なリスク負担を引き受ける代償に、これと相表裏して成立する「人間に相応な普遍的定理」を共有したのである。タレスの証明には、このように、かれらの生々しい現実主義と現代人の想像を遥かに超えた理想主義とが漲っている。カントはまさしくこの点に驚嘆し、タレスの事例を決定的な判例として、自らの考察を深めたのではなかろうか。

　上記の判決によってさらに、原告の訴えが論拠とした直観的な△ABC もまた、三角形の構成に関連する様々な基本ルール（定義や公理など）に則って描かれていることも判明してくる。すなわち、たとえ直観的な三角形であっても、その1辺を描くときにさえ、直線の定義に従った仕方で理解されつつ描かれるのでなければ、およそ裁判での権利闘争に堪えうるような証拠とはなりえない。他方ではまた、共通ルールに則って図形を操作する被告の主張は、ルールに従っているだけではなかった。その主張は、原告側が直観にもとづいて描いた△ABC を、不可欠かつ最も重要な素材としていたのである（vgl. A162f., B203f.）。被告が仮に、原告の呈示する直観的な△ABC とは

無縁な権利主張を重ねるだけであれば、たとえそれがルールに則った答弁になっていても、両告双方の主張は矛盾対立の死闘にむかうだけであったろう。いずれにせよ、直観的な△ABCという内容に託してのみ、三角形の概念に関連する思考のルールに従った被告側の図形操作は、初めて証人にその正当性を納得してもらえる。「内容〔直観〕なしに考えられたことは空虚であり、概念のない直観は盲目である」(A51＝B75)。カントがこのように述べるのは、経験的な認識において直観と概念的な思考とが融合している実情を示したいからなのではなく、それぞれを論拠とする両告が、直観と概念的な思考という、本来は互いにまったく無縁な相手との接点を模索し、双方ともその接点を承認しながらでなければ、いずれも自己の主張さえ維持できない、ということを強調したいからなのではなかろうか。実際、カントは直観と概念とを融合させるどころか、両者を截然と分断する枠組みで議論しているのである(vgl. A50＝B74)。

算術をめぐる法廷闘争

　法廷闘争のモデルは、しかし、以上のような幾何学の例にたまたま対応するにすぎない、という反論があるかもしれない。そこで、カントが単に矛盾律にもとづく分析的な命題ではないとする、算術の実例「7＋5＝12」について考えてみることにしよう（B15, vgl. A164＝B205)。

　数概念7はもともと1＋1＋……といった加算規則をもとに構成されている。コーヘンやカッシーラーの説明を藉りれば、数系列を構成する「普遍的な手続き」が理性によってあらかじめ置き入れておいたものの一例として、数概念7は初めて意味をもつ対象（客観的な表象ないし形象）となっているのである。そこにはしたがって、7＝6＋1＝1＋6＝7その他の体系的な連結関係が、いわば理性の側にむかって裾野を広げている。そして、われわれは直観に訴えつつ単独の数概念7の分析を超え、顕在化していない数形象間の連結へと視野を拡大する。そうすることで、

$$7+5=7+(4+1)=7+(1+4)=(7+1)+4=8+4=\cdots\cdots$$

のように、算術「7＋5＝12」は、数概念7と数概念5の総合として成立するのである[31]。常識からすると、いかにも回りくどい納得の仕方であるようだが、この足し算はカントが指摘するように、数概念7の分析だけでは不可能であり、その分析を超えなければ成立しえない。実際、われわれは時刻7時と5匹の犬を加えることに躊躇（ちゅうちょ）するか、あるいはこの加算を端的に拒むのではなかろうか。これと同様に、数7は固有の概念であり、数5もまた別の固有な概念にほかならず、加算が客観的に妥当する仕方で成立するのは、リンゴ7個とミカン5個のような、たかだか偶然のケースでしかなく、この例すら考え方によっては妥当しない。

こうして、7＋5＝12をめぐっても、意見対立が生じる可能性は十分にある。ようするに、

　［正　命　題］7＋5は12である

　［反対命題］7＋5は12とはかぎらない

という2つ権利主張が三角形の例と同様に対立することになるのである。証人はこの場合も、両告の申し立てがそれぞれの立場から、双方とも各立場において矛盾なくなされていることを納得する。そして、おそらく判決は「適用対象を度外視するかぎりにおいては、普遍的に7＋5＝12が成り立つ」というものになるだろう。正命題を主張する者は、反対命題が訴える適用範囲の差異を無視してはならない。数形象間の連結関係を無差別に、さらには経験の領域を超えて拡大適応しようとする越権は、この判決によって除去される。その一方で、反対命題を主張する者は、適用対象を度外視するかぎりで7＋5＝12が成り立つことまでを否定してはならない。というのも、それは適用範囲の差異という指摘を、そもそも適用対象を度外視している算術の領

域にまで強要する点で、矛盾をものともしない越権行為になっているからである。

　しかしながら、ここで下された判決に従うかぎり、正命題をその一例とする算術の規則は普遍性を獲得する。しかもそれだけではない。この判決により、反対命題の正当な指摘に配慮して、算術の規則をどのような範囲に適用するのかを、両告双方が今後にむけて取り決めていく可能性もまた開かれるのである。そして、適用のリスク負担も、またそこから生まれる成果も、余すところなく平等に配分される。そもそも反対命題は、その答弁において、たとえば5匹の犬といった加算をすでに前提していたのである。仮に反対命題の主張者が自らの言い分を貫くのであれば、自分の愛犬ポチと近隣で飼われているシロやゴロ、さらには先頃すでに死んだクロや、近ごろ人に危害を与えた名もなき狂犬までを一律に加算して、5匹とする考え方を、もともと断念しなければならなかったであろう。このように、上記の判決は両告双方の権利を相互に裏付けるものともなっている。そして、まさにこの点が重要であるのだが、両告双方は越権を互いに抑制し合いながらも、当初の姿勢をともに貫かなければならない。というのも、このことによって、対等なリスク負担を背景とした、適用範囲についての生産的な論議は、初めて進展することができるからである。つまり、判決は最終決着であるどころか、双方が理論闘争をつうじてそのつど結果的に協働しつつ、それぞれが真の個性にどこまでも磨きをかけていく出発点にほかならなかったのである。

　反対命題の主張者は、愛犬ポチとシロやゴロを一律に加算することについては、どこまでも懐疑的でなければならない。たしかに、種としての犬という範囲の取り決めによって、この加算は相互に承認されるかもしれない。しかし、それでもポチは、近所のシロと同じ1匹であってはならない。奇妙な印象を呼び起こすのを承知のうえで付言すると、仮にポチとシロとの差異が完全に無視され、さらには今ここにポチがいて、あちらにシロがいるといった差異さえも度外視されるのであれば、われわれはもはや「1」と主張して終わるであろう。それどころか、数えるということが無意味となり、そもそ

も「1」という数さえ登場の余地を失わなければならない。それゆえ特定の範囲においてさえ、加算規則が成り立つためには、奇妙なことではあるが、ポチはシロと同じ1匹でなければならず、しかも断固として同じであってはならない。このように、両告は双方とも当初の姿勢を貫き、常により深い理論闘争に絶え間なく挑みつづけなければならないのである。幾何学の定理と同様、算術規則の普遍性もまた、果てしない理論闘争のもとでのみ、辛うじて維持される。そして、万人による対等なリスク負担により、リスクと表裏してもたらされる普遍的な成果が、万人によってそのつど平等に享受されるのである。

　以上からも分かるように、判決を下す裁判官の立場は、証人が両告の立場を相互に往復しながら、仮説構想的な視点と直観的な確信の視点とのあいだを横断する、いわば基盤喪失の情況下で、一条の光が差し込むその一瞬にだけ成立するような、一種独特の視点となっている。ここでの設定では、個別の数概念を分析する姿勢を超えていく正命題の視点が、仮説構想的なそれに対応し、また数の適用対象に関する反対命題の視点は、直観的な確信のそれに対応する。そして第三の特異な視点は、アルキメデスの逸話として有名な、あの「分かった heurēka!」という瞬時の体験に類比されるであろう。カントの法廷モデルにおける「判決 Erkenntnis」とは、このように、答弁から学んだ人間理性が原告と被告の本来的な権利を無傷に保つ「調停 Beilegung」（A502＝B530）であり、しかも両者の闘争と協働を真に実りある形態へと導く創造的な認識にほかならなかったのである。

理性法廷の役柄配置

　ここで、模擬裁判の設定を詳しく再構成してみると、理性がさまざまな役柄を演じていることに気づかされる。たとえば裁判の「原告」と「被告」については、すでに述べたように、一方が△ABCや数の適用対象に関する直観的な確信から証言する理性であり、他方が三角形を描くルールにしたがって柔軟に思考し、新たな図形を構成しつつ証言する、あるいは数概念の背景

となる数形象間の体系的な連結規則から加算の一例を実演しつつ証言する理性に対応する。いずれが原告か被告かという点はあまり問題でない。この設定からも分かるように、両告ともそれぞれの権利を主張して、互いに相手側が自らの権利を侵害していると訴えていた。また、明確なかたちで裁判のうちに登場しているとはいえないながらも、両告双方の権利主張をそれぞれの視点に立って理解しようとする役柄が想定されている。

　△ABC は何の留保もなく三角形であるのに対して、被告のつくりだした「図形 JBI は三角形であるとはかぎらない」という証言を、あくまでも直観的な確信にもとづくかぎり、矛盾のない正当な申し立てとして受け容れ、その証人となる理性の役柄がなければ、上記第一の裁判は進展しなかったはずである。われわれは読者の立場でこの役柄を追体験していたことになる。しかしこの証人は同様にまた、他方の「図形 JBI は三角形である」という証言が、ルールに則った矛盾のない主張であることをも承認する役柄になっている。この役柄を担う理性は、したがって、全面的に対立する両告の権利主張を、それぞれの立場において整合的に理解しようと努めていることになる。実はこれが「われ思う Ich denke」(B132, vgl. B138) という、いかなる立場に身を置こうとも常に自己同一的な自己意識——カントのいう「純粋統覚 reine Apperzeption」(A116, 117, B113, u. a.)——にほかならない[32]。最後に「裁判官」であるが、それは自分自身を「われ思う」という思考の働きとして対象化し、証人が原告と被告、双方の立場を往還しながら「3つの角 α, β, γ のみをもつ図形はその大きさに関係なく同等の権利で三角形である」といった証言に至ったときに、いわば虚心坦懐に「生徒の資格」でこの証言から学び、意を決して両告がともに納得するほかないような判決を下す、まさにそのような理性の役柄に相当する。これによって、カッシーラーの「自己自身に向けられた反省」という理性の課題もまた、自己の思考（考え方）を対象化しつつ、判決と同時にその自己自身へと復帰する課題として、法廷モデルのうちに定位されたことになる。これと同時に、ヴィンデルバント以来の認識論的な視座がその究極の位置としうるのは、ここで示した裁判官の

それであることが判明する。

　ところで、カントにおいては以上のような法廷闘争の過程で、両告の立場を往還する証人が新たな証言に至るとき、カテゴリーという思考の基本的な規則（vgl. A80＝B106）が、決定的な意味をもつことになる[33]。この規則および時間・空間という感性の直観形式は、経験的な事実に関わる権利を法廷において闘わせる際の、いわば共通ルールとなり、感性的な経験から事実の成り立ちを説明する場合も、また悟性の働きが構成した理論的説明を事実と照合する場合も、常に遵守すべき権利闘争の規則となる。いかなる立場から権利を主張しようとも、このルールを無視するか、恣意的な仕方ないし矛盾した仕方でこれを利用する場合、証人からの証言は得られない。証人は両告双方の立場間を往復しつつ、首尾一貫してカテゴリーという思考の規則——および時間・空間という直観の形式——に従うことによって、初めて矛盾なく双方の申し立てを調停する見解の構想に至るのである。理性のこうした能力を指して、カントは「生産的構想力 produktive Einbildungskraft」と呼んでいる、と解釈することもできるだろう（vgl. A123, B152）。そして、以上の法廷闘争は古代ギリシア民主法廷の色彩を、きわめて濃厚に反映しているのである。

驚嘆すべきギリシア民族

　殺戮と略奪の無限連鎖——暗黒時代——から立ち上がったとされる「驚嘆すべき民族」は、血ぬられた歴史から万人が戦士とならざるをえないほどの、凄惨な過去をひきずりつつ歴史の表舞台に現れた[34]。世界史上、忽然として登場したイオニア諸都市の急進的な民主制（デーモクラティアー）は、人類史の悲劇が生み出した産物にほかならなかったと理解すべきかもしれない[35]。古代ギリシアの諸部族は、過去の運命に翻弄されながら、旧諸王国がかつて奉じていた神々に共同体の絆を求める以外に生きるすべを失い、共同体相互の絶え間ない死闘のさなかで束の間の生を模索しなければならなかった[36]。カントが着目する「驚嘆すべき民族」は、そうした極限情況のも

とで、ついに民主制へとたどりついたのである(37)。その政治態勢は現代人が思い描くような、この世に生を享けたというただそれだけのことで、生活の安寧が保証されるかのような幻想を、むしろ当初から粉砕することによってかろうじて維持される闘争の場にほかならなかった。たとえ自らの共同体が玉砕を余儀なくされようとも、ささいな妥協についてまで断固として拒み、自分たちの尊厳を守るために決然として闘う。まさにそのような民族の宿命のもとで、ギリシアの人々は「驚嘆すべき民族」へと成長していったのである。そして、カントが少ない歴史資料のなかから学び取ったのは、そのような類いまれなるヨーロッパ文明の母胎であったのではなかろうか。

　批判哲学の要諦となる議論——今日でもカント哲学研究の関心が集中する超越論的演繹——は、人間が望みうる認識の安定した根拠を求める意図とはまったく無縁であり、いかなる敵対者との対戦を余儀なくされようとも、互いにあまりにもささやかな生存だけを許された人間同士として闘い合う、その現実をともに直視することへとむけられていたのである。人々が普遍的な真理として共有する知識は、あらゆる意味で確実な、それゆえ無条件に万人の安寧を保証するような根拠をもつものでは断じてありえない。驚嘆すべきギリシア民族は、部族同胞の旧き神々によって支えられる血塗られた迷信から解放される代償として、想像を絶する敵対者との闘争をつうじた人間的な真の協働を目差し、不断の闘争から人間が自分たち自身の手で未来を獲得する道についたのである。カントが洞察した思考法の革命は、現代人が敬愛するような新機軸のアイディアなどとは、まったくもって無縁であった。その革命は実のところ、共同体の歴史的現在において、いかなる決定が成員すべてを結束させ、今後の生命線を辛うじて切り開くのか、その可能性を絶えず討議させる死活の自己変革であったのだろう。カントがコペルニクス的《転回＝革命》の源流として洞察したのは、このように、今日のわれわれからは想像を絶するほど不確かな現実のもとで、不可抗的に基盤を失わざるをえなかった人間理性が培う、絶え間なき思考様式の刷新にほかならなかったのである。

カントは法廷モデルの理性批判において、カテゴリーという共通のルールが、凄惨な死闘を生産的な権利闘争へと変換するための要になると考えていたようである。カテゴリー（Kategorie）とは元来、ギリシアの民衆が共同体の共有する広場（agora）において、すべてを賭した議論の末に万人が納得のうえで承認し、いかなる闘争に際しても例外なく遵守すべき（kata-agora）ゲーム・ルールのことである。このルールに則るかぎり、どれほど奇抜で常識破りの言論であろうとも、納得のいくものであれば余すところなく万人がリスクを引き受けたうえで、それを留保なく認めなければならない。もともと民族の運命を賭して、万人が納得ずくで引き受けた決定である以上、相互に承認されたことは、そのかぎりにおいて「誤り」ということが問題になりえないのである。どのような結果になろうとも、すでに承認されたことから派生するすべてのことは、万人が率直に引き受ける「運命 moira」となる。カントはこうした、あたかも理想と現実とが闘争者の共同体＝協働態（ポリス）において総合統一されているかのような[38]、全ヨーロッパ文明の母胎へと還りつつ、理性法廷の再生に尽力していたのではなかろうか。批判哲学の構想は、認識の究極的な根拠を模索するのではなく、有限な生存しか許されていないわれわれ人間が、限られた生存を直視することにむけて、より深く生きるための闘争を保障するものである。そうした法廷闘争のもとでこそ、人々の安易な迎合主義を一挙に粉砕する、大胆きわまりない仮説的思考様式に、絶えず活路が見いだされるようになったといえるだろう。

コペルニクス的判決

　前節の最後に問題提起しておいたように、コペルニクスに由来する思考様式は、常識からすると矛盾めいた様相を呈する。その思考様式が発展し、たとえばニュートンの力学という一完成形態をとるとはいえ、コペルニクスの考え方には一般人からすると想像を絶するところがある。かれは旧来の天動説に背を向けて、観測事実を太陽中心の地動説という新たな枠組みで、破綻なく捉え返そうとした。われわれが大地の上で観測するのは、いうまでもな

く太陽が東から昇り、西に沈んでいく事実にほかならない。夜空の星々も、時々刻々と東から西へと運行し、月や諸惑星もまた同様の日周運動をつづけている。また、太陽と月は、恒星と呼ばれる星々のあいだをそれぞれに固有な周期で移動し、諸惑星は星々のあいだを、やや複雑な仕方で行き来する。とはいえ、いずれの天体も見てのとおり大地の周囲をめぐりつづけているのであって、事実としてはそれ以上でもなければ、それ以下でもない。にもかかわらず、コペルニクスはこの事実を真正面から否定したのである。

　コペルニクスの着眼がどのように常軌を逸しているのかを際立たせるために、この着眼に関する見解の対立を、再び権利闘争の設定にまとめてみることにしよう。まず、観測事実が教えるとおりに、また日常的な経験の蓄積を総動員して、われわれは

　　　［正命題］太陽は東から昇る

と誠実に証言することができる。これに対し、コペルニクスは、

　　　［反対命題］太陽は東から昇るのでない

と証言している。これはすなわち、太陽は世界の中心に静止しているのであって、その周囲をめぐる大地の運動こそが正命題の主張する「経験的な事実」を初め、見かけ上の観測事実をもたらしているということである。反対命題はこの意味で、太陽が東から昇るのではまったくない、という「理論的な事実」を語っている。すでに検討した数学の事例では、直観的な確信の視点とこれに概念的な思考操作を加える視点とのあいだで、権利をめぐる闘争が設定されていた。ここではしかし、経験的な観測者（感性的経験）の視点と仮説を構想する理論家の視点とのあいだで、権利をめぐる闘争が設定されている。そしてコペルニクス体系が両者を調停する判決として下されるのである。

　しかし、見てのとおり、正命題と反対命題は矛盾対立の関係に立っている。

したがって、それぞれを証言する観測者の視点と、仮説構想的な理論家の視点とは、当然のことながら全面的に対立する。このため、他方を完全に斥ける以外、いずれも生き残れない。ではこの場合、判決をつうじて観測者と理論家という互いに対立する二様の視点が、なぜ相互補完的に支え合うことができるのかを考えてみよう。

　観測者が引き合いに出す観測事実は、大地の運動を認めるか否かとは無関係に、ただ数学的に説明されるだけで、洗練の度を高めたコペルニクス体系は、その理論的な扱いによって観測者の権利主張に何ら傷を与えない。大地に立つ観測者の視点からすれば、太陽は東から昇るのであり、昇らなければならない。このように、観測者が経験的に積み重ねた観測事実は、けっして変更を迫られないのである。かえって観測者は、自らがすでに知っていることについて、その妥当性を裏付ける一つの理論的な根拠を与えられることにさえなる。他方、ケプラーやニュートンのように、コペルニクス体系を基調として新たな理論を案出する仮説構想的な視点は、観測者が大地の運動を認めようと認めまいと、かれの蓄積した観測事実によって、自分たちの理論を確証することができるのである。反対命題の主張者はこのように、正命題の主張者によって正当な権利を何ら侵害されていない。それどころか、仮説の創造だけでは空転するほかない概念的な思考にとって、正命題はこの上なく貴重な証言ともなっているのである。この特異な判例に認められる判決を「コペルニクス的な判決」と呼ぶとすれば、カントは理性批判という構想の要石として、この決定的な判決の深遠な特徴に着目していたのではなかろうか[39]。

認識の厳格さと批判哲学の意図

　ここまで、法廷モデルの認識観としてカントの議論を解釈してきた。おそらくは、このモデルがわれわれ人間の認識を構造的・機能的に解明したものであることを半ば認めつつも、やはりそれは発明・発見といった特殊な場面に傾斜したものにとどまるのではないか、という意見があっても当然である。

しばしば、画期的な思想家ほど、現実の一面を過剰に拡大したグロテスクな構図を呈示するともいわれる。しかし、この過剰さを考慮すれば、カントの認識観はさほど理解困難なものではない。実際、われわれの日常感覚からしても、たとえば生まれて初めて見るグラスを前にして、それを自分の知っているグラスの一種と判断し、知っているままに使用することに逡巡するような場合がある。瑣末な例ではあるが、これはカウルバッハが表現するところの「パースペクティヴのパースペクティヴ」に投げ出された情況だともいえる。しかし、多くの場合、われわれは眼前にあるのが予想を超えた"何か"である可能性の大海を予感しつつも、他の膨大な可能性をあえて遮断する判決（Erkenntnis）により、それをグラスとして認識（erkennen）し、また使用しながら生活している。

　おそらく、カントにとっては日常的な知覚に至るまで、つまるところ理性が意を決した判決によって営まれているのである。なるほど、これはある意味で厳格すぎる認識の性格づけかもしれない。とはいえ、程度の差はあっても、生まれて初めて見る"もの（？）"を、それまでのささやかな経験的知識をもとにしてグラスと判断することに、カントが示す以上の根拠はないように思える。ことによると、それは既知のグラスとは無縁な、未知なる楽器の一部品かもしれない。しかし、カントが提唱していたと思われる理性法廷＝ギリシア的民会（forum internum＝ecclesia）は、ほかならぬその"もの（？）"を「グラス」と理解する文化的・歴史的共同体の一理論闘争者として、また理論闘争者としてのみ、その一員になるよう誘っているのである。

　以上のように、カントは純粋理性の法廷を自らの著作において実演し、その「規準 Kanon」ともなる決定的な諸判例を提示していた。権利闘争というものは、征服戦争が支配者と奴隷を作り出すのとは異なり、けっして他者の権利を剥奪するものでも、また自己の尊厳を引き渡すものでもない。それはむしろ、本当の意味での人間的な権利というものが、いったい何であるのかを、万人のもとで公明正大に明かす唯一の場（forum externum＝ecclesia）にほかならなかった。万人の眼差しが注がれる権利主張の場を敬遠すること

なく、権利をめぐる闘争を公開の場で敢然と繰り広げ、本当の意味で互いに学んでいくこと、まさしくこれがカントにとってのコペルニクス的転回であった。

　理性は権利をめぐる公明正大な闘争のもとで、自らが創出する調停案を万人に教える。と同時に理性は、偏狭な私見を粉砕してこそ成る、全人格的な闘争の決着を見届けることで、個人の等身大を遥かに超えた人間の運命（moira）を学びとるのである。カントが提唱したのは、歴史上の決定的な諸判例を範とし、自滅的な越権を互いに洗い出すだけではなく、共に躊躇なくそれを除去しつつ前進しようという、将来への提言にほかならなかった。「いわばこの訴訟の記録を詳細に作成し、これを人間理性の文書保管所に保存して、将来、同じような誤謬が犯されないよう防止する」（A704＝B732）。カントはこのとおりの課題を、コペルニクス的な判決を範としながら、生涯にわたって追究していたのである[40]。

第二章　哲学的ニュートン主義と批判哲学

　本章ではS・マイモンの哲学的な立場が検討される。かれはカントの提唱した形而上学のコペルニクス的転回に明確な解釈を与えた批判哲学の有能な継承者であり、しかも初期ドイツ観念論の発展に大きく寄与した人物である。そのマイモンが、コペルニクス的な思考法の〈変革＝転回〉をどのように解釈したのか、以下ではこの問題を検討することになる。検討にさいしては、まずカントのコペルニクス理解において自明視されていた、いくつかの基本的な誤解が洗い出される（第1節）。そして本章では、マイモンがカントの企てを継承して、コペルニクス的転回を一種独特の形態に理論化したことが明らかにされる（第2節）。以上のような検討を通じて、しばしば難解なものとされるドイツ観念論の一局面が、ある微妙かつ決定的な誤解を改めることによって、過剰なまでに難解なものではなくなり、少なくともその基本については力学の初歩的な知識から十分に理解できることを示す予定である（第3節）。このことは逆にまた、ドイツ観念論の解釈に向けた従来の研究が、力学の教科書的な知識を理解しそこなったまま進められたために、結果として難解さの積み重ねに終始していることの一例証ともなるであろう。

　　　　　　　　　第1節　二大世界体系と絶対運動の模索
　　　　　　　　　第2節　絶対運動と相対運動の相互転換
　　　　　　　　　第3節　科学の論理と批判主義の再構成

第1節　二大世界体系と絶対運動の模索

　大地の運動を認めるか、その静止を主張するかという二者択一は、いずれ

か一方を採用する以外に道は残されていない。そしてコペルニクスは、意を決して大地の運動を認め、自らの世界体系をつくりあげたのである。その深い意味内容や評価、そしてかれの実像をめぐっては、今日に至るまで見解が岐(わか)れている。とはいえ、かれが——どのような意味においてかは別問題として——大地の運動を認めたということについては、おそらく理解が一致していると思われる。しかも、大地の運動を認めるという点は、太陽系や銀河系の運動を認めるに至った、現代科学の宇宙像にも共通しているのである。しかし、コペルニクスの体系は大地の運動を認めているだけではない。それはまた、世界の中心に「静止した太陽」を置いている。そしてコペルニクスは、まさしくこの点で、かれの時代まで自明視されていたこと、すなわち世界の中心に「不動の大地」をおく通念と全面的に対立し、この通念を後ろ盾とするプトレマイオスの体系とは根本的に異なる独自の世界体系を打ち出していた。仮にそうでなければ、二つの「世界体系」の対立ということにはならないであろう。

天体の運行とその運動

では、太陽を世界の中心に静止させるコペルニクスの体系は、いかにして正当化されるのであろうか。現代科学の知見ではむしろ否定されるこの位置づけに、もしも合理的な根拠が不在であれば、結局のところコペルニクスの体系がプトレマイオスの体系を覆すに足る理由はなかったことになりかねない。はたしてコペルニクスの世界体系は、それだけの理由もなしに、かつて西欧の主導的な思想家であった人々に支持されたのであろうか。静止した太陽を中心に置くかれの体系は、やはりかれらが支持するに相応な、しかもある観点からすると明確な根拠をもっていたと推察される。しかし、それは何であろうか。この問題は、現在まで科学史や科学論の分野において、少なからず議論されている。とはいえ、現代の科学論を遥かに凌駕する切実な関心と理論的な厳密さをもって、この問題を探究した人々がかつて存在した。そして、コペルニクスがもたらした〈転回＝革命〉に深い関心をもった哲学者

として、特にカントの名があげられるのである。しかも、かれは当時、すでに絶大な威力をもって広汎に普及していたニュートン力学との関係に着目しつつ、コペルニクス的な転回の深遠な意味を洞察していたようである。

　前章の初めにも引用したが、その微妙な内容を改めて確認するために、カントが語る、かの有名な箇所を再び見直してみよう。そこでは次のように述べられていた。「かれ〔コペルニクス〕は、すべての天体が観測者の周囲を運行するというように想定すると、天体の運動の説明がなかなかうまくいかなかったので、今度は天体を静止させ、その周囲を観測者にめぐらせると、より首尾よく説明できはしないかと考え、それを試みたのである」(BXVI)。カントはこのように、天体を静止させ、観測者を運動させる考え方として、コペルニクスの業績をはっきりと性格づけている。すなわち、かれは大地（観測者）を運動させるだけではなく、天体（太陽と恒星）を「静止させる」考え方として、コペルニクスの世界観を理解しているのである。しかもかれは、天体の側を運行させる旧来の想定では天体の「運動の説明」がうまくいかなかったと明確に語っている。

　しかしここで、カントはいったいどのような意味において、天体の運動がうまく説明できなかったと考えたのだろうか。しばしば指摘されるように、天体の見かけ上の運動は、プトレマイオスの体系によって十分に説明される。他方、すべての天体運動が完全な円軌道をとると考えるコペルニクス体系は、観測事実と合致するどころか、当時においてはプトレマイオスの体系よりも精度的に劣っていた。このことからすると、天体の側が運行していると見なす想定ではうまく説明できなかったと述べられている事柄、すなわち天体の「運動」を、それほど単純に大地で観測される天体の「見かけ上の運動」と同一視してよいものかどうか、この点についての疑問まで、にわかに浮上してくる。

　以上のように、さまざまな問題を孕みつつも、カントはすでに成功した先進的な諸学問——数学と自然科学——の前例との類比が許されるかぎりにおいて、形而上学もまた、コペルニクス的な「思考法の変革」に倣ってみては

第1節　二大世界体系と絶対運動の模索

どうかと提案していたのである。今日の例でいうと、カントがここで提案しているのは、勢いを増すIT革命の波に乗り遅れてはならないということであり、そしてこの波にうまく乗って、旧来の経済活動が暗黙の前提にしていたシステムを根本的に再編成しようではないかということである。この再編成によって、もはや既存の知識に価値をおくのではなく、どのような知識でも即座に利用できることを前提にして、これから実際に何が可能なのかという創意工夫に価値をおくようにしてはどうか。今日風に表現すると、まさにこのような提案を、カントは行っていたのである。

　停滞する人間の理性も、けっしてまだ捨てたものではなく、しかるべき職務遂行の場に配属してやれば、おのずと前向きな姿勢になり、今後は理性本来の創意工夫に励んで十分に活躍してくれるにちがいない。カントはこのように期待したのである。しかもこの期待は、単なる思いつきや幻想ではなく、歴史上の確かな前例によって裏打ちされている。実際、コペルニクスはかつて、観測される天体の運行を観測者側の運動から説明しようと試みたことにより、画期的な成功を収めたのである。つまり、対象（天体）の性質だと思われていたもの（運行）は、実のところ認識する側（観測者が立つ地球）の固有な活動様式（自転・公転運動）が対象（天体）の側に反映したものであることを、コペルニクスは明らかにしたのである。これと同様に、カントは対象に関して認識されていたことが、対象の側から単に受容された受動的な観察事実に止まるのではなく、逆に認識という、われわれ人間の理性的な活動が反映したものではないかと考えた。この着想によって、かれは人間の理性的な活動の場である形而上学においてもまた、コペルニクスと同様の成果を期待したのである。

天動説と地動説の違い

　認識とはそもそも、われわれ人間が理性をもって営む一つの活動にほかならない。そして以上のように、対象に関して認識されることが、人間の理性的な活動が反映したものだとすると、対象に関する従来の知見は理性につい

ての吟味検討によって深められることになる。これはようするに、地上で観測される太陽の運行を厳密に知るためには、大地の運動について詳しく理解しなければならないのと同様である。かくして、対象に関することをわれわれの認識活動から説明しようとするカントの試みは、認識活動をその営みとして含む理性の吟味検討へと向けられることになる。かれは以上のようにして、対象に関することを、理性に備わる原理と純粋な諸概念の側から説明——かれの用語法ではア・プリオリに規定——する試みによって、停滞する形而上学の歴史に革命的な進歩をもたらそうとした。

　しかし、カントの明確な立場表明にもかかわらず、思考法変革の試みがかれの著作においてどのように実行されているのかということについては、その解釈が大きく分岐して今日に至っている。これは本書の第一章でも詳しく見たとおりである。しかも、かれと同時代の思想家たちによってさえ、カントの試みた革命的な問題設定は正確に理解されていない。たとえば、理性というものが個人の主観（心）に備わるものであるとすると、カントは素朴な意味での主観的観念論に逆行したことになる[1]。また、認識がどのように成り立つのかという問題をめぐって、主観を中心的・主導的な位置におく試みとしてかれの提案を理解すると、むしろカントの立場は観測者（認識主観）を宇宙の中心から引き離すコペルニクス体系ではなく、これとは逆に観測者（認識主観）を宇宙の中心におく地球中心説と同型になってしまう。このように、カントの標榜するコペルニクス的転回は、単純な解釈をよせつけない、いわば逆説的な構造を秘めている。しかしながら、この種の逆説的な問題が浮上することには理由がある。その理由は、そもそもコペルニクスの体系をプトレマイオスの体系から区別する決定的な本質が突き止められていないにもかかわらず、それぞれを安易に地動説および天動説として簡単に比較できるかのように誤解しているということにほかならない。

　おそらく、天動説と地動説の違いは一目瞭然のものと思われるであろう。というのも、これは二者択一の問題であり、いずれかを選ぶことで即座に決着する、と割り切ることができるからである。このため、いまさら両者の有

効性を比較検討することが困難であるなどというと、それこそ奇妙かつ屈折した問題提起のように印象づけられることであろう。しかし、天動説の「考え方」と地動説の「考え方」との比較は、それほど容易ではない。われわれは多くの場合、それぞれの模式図を比べて両者の違いが理解できたつもりになるが、模式図というものは一つの体系をなす考え方にとって、そのほんの一面だけを半ば強引に——イデオロギー的な脚色で——分かりやすく示したものでしかないのである。ちなみに、現代のわれわれがプトレマイオスの『アルマゲスト』[2]を、たとえ正確に翻訳された現代語訳で読んだところで、その「考え方」に馴染むことは至難の業であろう[3]。この点はコペルニクスの著作についても同様である[4]。ましてや、それぞれの「考え方」を用いてものごとを具体的に理解できるようになった上で、改めて厳密に相互の異同を比較することなど、常人にとっては絶望的な企てとなるほかない。おそらく、この困難な作業をそれでも丹念にこなした人は、両者の違いが実にささやかなものでしかないことに気づくはずである。そして、カントの時代においては、ニュートン力学の成果によらなければ、天体運動の理論的な説明を争点とした両体系の厳密な比較検討は不可能であった。そして問題の核心はほかならぬこの一点に存しているのである。

新たな問題提起

　S・マイモンは『人間精神をめぐる批判的探究』(1797年)[5]に収められた「第一対話」において、カントの批判哲学がもたらした成果の本質を解明するために、この成果をコペルニクスの天文学的な業績に譬えている。この対話はカントの代弁者クリトンとマイモンの代弁者フィラレテスが批判哲学の本質について論議する設定になっており、以下で検討する「第一対話」の主要な課題は、カントが提示した超越論的論理の特性を、あらためて厳密に描き出すことであった。しかしながら、この種の専門的な主題はあえて迂回することにして、コペルニクス的転回の真相をめぐる議論に着目してみたい。そして、対話の設定では哲学の極めて専門的な主題を有効に追究するために、

その単なる予備的な作業とされている議論から、ここで検討すべき主題とその背景となる問題関心を取り出すことにしよう。たしかにこの問題関心は、形而上学の歴史に変革をもたらそうとする意図につらぬかれているため、今日のわれわれにとって相当の違和感をともなう。しかしコペルニクス的転回の真相に迫る議論としてこれを捉えるためにも、まずは当時の哲学的な関心に目配りしながら、これと関連する論点を取り出していかなければならない。

　大地と共に運動するわれわれ自身の観点から天体の運動を説明するコペルニクスに倣(なら)って、われわれは自らに備わった認識能力の側から、この認識能力によって捉えられる経験的な諸対象を、あらためてア・プリオリに規定——例外の余地がないよう普遍的かつ必然的に性格づけ——しなおさなければならない。しかし、カントの提唱するこの試みが成功すると、いったいどのような可能性が開けるのだろうか。かれによると、これに成功すれば、経験を超えた諸対象を扱う形而上学は今後、そのように規定しなおされた認識様式に従うことで、確実な学として発展する道を歩むことができる[6]。マイモンはこのようにカントの提唱を説明するが、その議論はきわめて簡潔で、より詳しい解説はまったくなされていない。それゆえ、マイモンがここで考えていることは、後の議論との関連で徐々に判明する内容から推測して、目下の文脈で実際に書かれていることの行間から読み取る必要がある。

　天体の運動を正確に理解するためには、天体の側ではなく、地球の運動をまず解明しなければならなかった。ところが、この解明が一度なされた後は、観測事実（記録）から天体の運動を、正確な軌道として理論的に再構成することが可能になったのである。しかもそれだけではない。われわれの知らない惑星が仮に存在したとすると、それがどのように運動し、また地上から何時どの位置に観測されるかまで、すでに解明された地球の運動をもとに、観測に先立って割り出すことさえ可能になる。これと同様に、対象の追究に先立って、われわれの認識がどのように成り立っているのかを解明しておけば、未経験な対象までを普遍的かつ必然的に規定する可能性が開ける。それゆえ、経験を超えた諸対象を扱う形而上学は、確保されたこの可能性によって、今

第1節　二大世界体系と絶対運動の模索

後は確実な学として発展できるのであろう。マイモンはカントが提唱したことを、ほぼこのように理解していた、と考えられる。

しかしマイモンは、コペルニクスの成果に倣った以上の試みが、まずはすべての誤解から予防されなければならないと訴えている[7]。もとより、認識の一源泉となる直観とその対象との関係で、

　〈1〉対象の側が直観を規定する

と理解する場合も、これとは逆に

　〈2〉直観の側が対象の性質を規定する

と理解する場合も、対象と直観のあいだに「因果的な結合 Kausalverbindung」が成り立つことを、われわれはあらかじめ前提している。ところが、この結合そのものは主観のうちに基礎をもつのか、それとも客観に基づいているのかという、この前提そのものの根拠は問題にされていない。不思議とこの問題点だけは、上記〈1〉〈2〉いずれの理解の仕方においても、まったく不問に付されているのである[8]。したがって、この問題を解決できていない点では、双方とも理解の枠組みとして完備されてはいない。にもかかわらず、両者はそれぞれ単独では成り立ちえないという決定的な問題を不問に付したまま、事実上は相互に対立していることが分かる。そこで、不問に付されているこの問題を解明するために、その手掛かりを探そうとすると、かつてプトレマイオスの世界体系とコペルニクスの世界体系をめぐる対立が、ほぼこれと同型の問題に決着をつけていたのではないかと推察される。こうした推察から、形而上学を革新するという大規模な計画に先立って、まずは倣うべき問題解決の方法をこの前例から正確に学んでおく必要性が認められるのではないか。マイモンはおよそ以上のように提案している。

プトレマイオス体系の仕組み

　通常は、上記〈1〉の「対象が直観を規定する」という理解の仕方がプトレマイオス型に相当し、〈2〉の「直観が対象の性質を規定する」という理解の仕方がコペルニクス型に相当する、と受け取られるのではなかろうか。というのも、対象がわれわれの直観を規定するというのは、天体の真の運動がそのまま観測（直観）されているということに対応し、逆にわれわれの直観の側が対象の性質を規定するというのは、観測（直観）する側、すなわち観測者側の運動が反映して、あたかも天体が運行しているように見える、ということに対応しそうだからである。ところが、マイモンはまさに、この対応づけに疑問を差し挟もうとしている。実際、プトレマイオスの体系は、天体の真の運動がそのまま観測（直観）されていると断定できるほど単純なものではない。

　ここでは、マイモンの議論からしばらく離れて、プトレマイオスの世界体系について少し考えておくことにしよう。図1はプトレマイオスの体系をかなり単純化して描いた模式図である。世界の最外周をめぐる天球層として恒星天があり、星座の星々を伴ってほぼ一日周期の一定速度で時計回りに回転している。惑星は円軌道をとるのではない。まず、導円と呼ばれる軌道があり、その上に中心が乗った周転円上を、惑星はこの周転円の回転に伴って運動する。導円は恒星天に対して反時計回りに一定の速度で回転している。しかし、導円上の周転円もまた反時計回りに一定の速度で回転しているため、

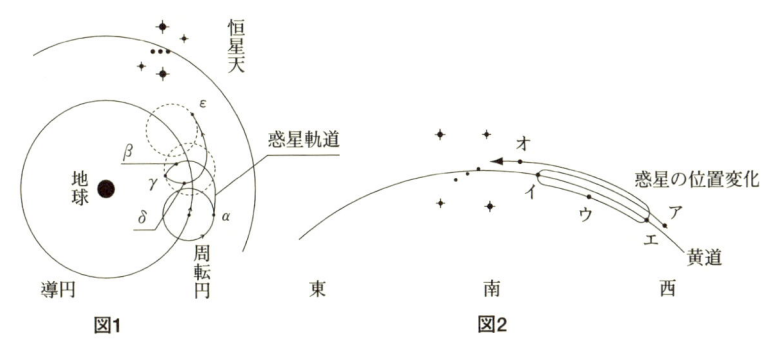

図1

図2

惑星の動きは導円の動きと周転円の動きを合わせたものとなる。たとえば、前頁の図1で惑星が点αにあるとき、その運動速度は導円の接線方向の速度と周転円の接線方向の速度とを合わせた速度になるため、反時計回りに最も大きな値をとることになる。また、惑星が点γにあるとき、周転円に沿った運動は導円に沿った運動を打ち消し、しかも後者の運動を凌駕する。このため、惑星の運動速度は点γにおいて、導円の接線方向の速度から周転円の接線方向の速度を差し引いた、時計回り方向に最大の値をとる。このように、惑星は点αで最も速く反時計回りの方向に運動し、点γで最も速く時計回りの方向に運動する。惑星が点βや点δにあるとき、惑星は恒星天に対して瞬間的に静止していることになる。そして惑星が点εに来ると、点αにあったときと同様に、再び反時計回りの向きに最も速く運動するのである。
　他方、前頁の図2は地上で観測した天界の様子を描いた模式図である。恒星天も惑星も、ほぼ1日かけて大地の周囲をめぐっているが、惑星は恒星天を背景にして、ア、イ、ウ、エ、オのように行き来するように観測される。この行き来は天界全体の日周運動と比べて、かなり長い時間をかけて起こっているため、一定期間の詳しい記録から初めて確認される。しかし、そのようにして確認される惑星の運動は、図1をもとにすると惑星軌道の仕組みから説明できる。
　たとえば、図2で惑星が点ウにあるとき、惑星の速度が東から西へ回転する恒星天の運動を凌駕して、西向きに最大の速度を呈している。そのような状況を図1のうちに求めると、すでに確認したように、惑星が点γで運動している場合に対応する。図2において惑星が点イから点エまで西向きに移動するとき、天文学の用語で「逆行」と呼ばれるその運行は、図1の点βから点δまでの運動に対応する。また、図2で惑星が点アから点イまで移動する運行と、点エから点オまで移動する運行は、天文学の用語で「順行」と呼ばれるが、これらは図1で惑星が点αから点βまで運動するときと、点δから点εまで運動するときにそれぞれ対応している。いずれも、惑星が恒星天に対して反時計回りの運動をする場合であり、その間は図2でいうと惑星が

恒星天に対して東向きに運行するように見える——観測記録がそのように整理される——のである。付言すると、図2の点イおよび点オに当たる「留」の状態は、惑星が恒星天に対して瞬間的に静止する、図1の点βと点δの運動状態に相当し、いずれの場合も惑星の速度が日周運動する恒星天の速度と等しくなっている。

さて、すでに大半の読者はお気づきのことか推察するが、ここまで「恒星天の運動を凌駕して」とか「恒星天に対して反時計回りの運動をする」といった、かなり回りくどい説明をしておいた。なぜ回りくどいかというと、図1で点αから点βまでの運動が図2の点アから点イまでの運行に対応すること、また図1で点βから点δまでの運動が図2の点イから点エまでの運行に対応することは、ある意味で一目瞭然だからである。しかし、このような理解には、ある決定的な誤解が伴いがちである。どのような誤解かというと、この理解では観察事実に逆らって、恒星天を静止させているということが見過ごされるという、まさにこのことにほかならない。図1では、見てのとおり、恒星天は静止している。そうでなければ、図1の惑星軌道は描きようがない。事実としては、しかし、恒星天はほぼ1日周期の回転をつづけているのである。ほとんど指摘されないことであるが、図1のような惑星運動を理解するためには、恒星天を静止させる、すなわち「地球を自転させる」のでなければならない。ところが、これではプトレマイオスが一種の地動説をとっていることになってしまう。では、あくまでも地球を静止させて、図1が成立するためにはどのように理解すればよいのだろうか。

おそらく、地球を静止させて図1の仕組みを理解する方法として、惑星軌道を含む天球層は恒星天と同様に静止した地球の周囲を時計回りに回転している、といった見解が提示されるであろう。ところがどうであろうか。もしもこの見解どおりだとすると、惑星は静止した地球の周囲を、図1に描かれたような軌道に沿って運動しているのでは「ない」ということになる。そして、惑星の軌道が観察事実どおりに、しかも静止した地球の周囲をめぐるものであるとするならば、図1とはおよそ異なった軌道図が描かれ、それが実

在の惑星軌道を表していると考えなければならない。しかし、図1をもとにして、それこそ複雑きわまりない推理によって静止した地球をめぐる、観察事実どおりの惑星軌道が再構成されたとしても、それはほとんど意味不明のものであろう。つまり、図1は観察事実を超えたときに描き出される、いわば惑星運動の観念的な真相にほかならないのである。大方の予想に反して、図1の仕組みが実在的な真相を表しているためには、逆説的にも地球は自転していなければならない。しかも、仮に地球の静止を維持するならば、プトレマイオスの考えた惑星運動の仕組みは、たかだか観念的な――便宜上の――ものでしかないのである。しばしばこの点が見過ごされ、プトレマイオス本人が惑星軌道を含む天球層の実在については明確に述べていないと指摘される[9]。しかしながら、これはむしろ当然のことであろう。なぜなら、天動説の体系で、プトレマイオスの示した惑星軌道が観察事実どおりに実在するということは、とうていありえないからである。

相対運動と第一の絶対運動

　以上のように、プトレマイオスの体系において、天体の真の運動がそのまま観測（直観）されているかというと、まったくそうはなっていない。それどころか、惑星の真の運動とされるものは、観測事実を超えて案出された高度な理論によって、しかも観測事実とは似ても似つかないメカニズムとして再構成されていたのである。プトレマイオスの体系は、これほど地上での観測事実から、実はかけ離れている。この体系は、したがって、天体の真の運動とされるものをそのまま観測（直観）しただけで成り立つようなものではない。実情からすると、天体の真の運動とされるものと観測（直観）とを対応させるためには、高度な理論にしたがった複雑な推理と的確な想像力が、不可欠な知的力量として要求されるのである。

　かくして、上記〈1〉の「対象が直観を規定する」という理解の仕方は、天体の真の運動がそのまま観測（直観）されているという単純な意味で、プトレマイオス型に相当するのではありえなかった。さらには、上記〈2〉の

「直観が対象の性質を規定する」という理解の仕方が、仮にコペルニクス型に対応するとしても、プトレマイオス型の実情からも予想されるように、その対応の仕方はそれほど単純ではなさそうである。では、マイモンの問題提起はどのような意図でなされていたのだろうか。結論を先取りしてしまうと、マイモンは〈1〉と〈2〉のいずれも、経験世界では起こりえない極限的な状況と考えている。そしてかれは、経験世界の現実が、いわば極限的な両者の中間にあると結論づけるのである。とはいえ、この結論を正確に理解するためには、当面かれの議論に沿った検討をしておかなければならない。

　上記の〈1〉と〈2〉は、いずれも理解の枠組みとして不完全なものとされていた。両者とも単独では成り立ちえないにもかかわらず、相互に対立していたのである。マイモンはこの点を指摘して、双方とも不問に付していること、すなわち対象と直観のあいだに「因果的な結合」が成り立つことの根拠を改めて問いなおしている。そのうえで、かれはこの問題を解明する手掛かりを求め、かつてプトレマイオスの世界体系とコペルニクスの世界体系をめぐる対立が、どのような決着に至ったのかを検討しなければならないと提案していた。しかも、マイモンはどうやら、両体系の中道を歩もうとしている。通常の理解では、たしかに、天動説と地動説の中間に採るべき道などないとされている。それでもマイモンがこの種の単純な割り切りではすまない何かを求めている以上、二者択一ということですませる通常の表面的な理解には、まだ疑問の余地が残されているのであろう。

　地球上から見て太陽が運動しているということは疑いようのない事実である。しかし、仮に太陽から観測したとすると、運動しているのは地球の側であることが観測事実として確認されるだろう。このように、観測事実としての運動は、観測者と対象とのあいだの相互関係で成り立つ「相対的」なものにすぎない。したがって、太陽（対象）が運動しているのか、それとも地球（観測者）が運動しているのかという問題は、観測事実としての相対運動にもとづくかぎり、どこに観点をおくかで異なってくる。このため、いずれが運動しているのかを確定しようとしても、まったく決着がつかないことにな

る。これは〈1〉の理解と〈2〉の理解が一方に定まりえないということに対応する。対象（天体の運動）が直観（観測）を規定するのか、直観が対象の性質を規定するのか、観測事実としての相対運動は、この二者択一に決定を下す根拠を与えてはくれないのである。

　ところが、プトレマイオスの体系では地球が静止しており、太陽はその周囲を運動している。他方、コペルニクスの体系では、これとは逆の関係になっている。このように、両体系は相対運動をめぐってではなく、本当に運動しているのは太陽であるのか、それとも地球であるのか、という二者択一によって対立していることが分かる。マイモンはここで、相対運動から区別される本当の運動を「絶対運動 absolute Bewegung」(10)と呼び、両体系はこれを太陽と地球のうち、いずれに認めるかという、まさにこの点で相互に対立していると指摘する。

　しかし、絶対運動というものが、われわれに認識できるのであろうか。絶対運動として第一に想定されるのは「絶対的な空間における物体の位置変化」である(11)。そうした空虚で他に何も存在しない空間における運動は、われわれにとって「思考可能 denkbar」である、とまではいえるかもしれない。しかし、そのような空間で一つの物体が各時刻に異なった位置を占めるということ、すなわち位置変化という意味での運動を、実際に——カント用語では直観において——認識することは不可能である(12)。ようするに、たった一つの物体だけが存在するだけで、その変化を測るような物差しが一切ないならば、位置の変化は認識できず、そもそも位置の変化ということが意味をなさないということである。このため、一方を単独にとりあげるかぎり、その運動も静止も認識できない。認識されるのは、あくまでも一方に対する他方の相対的な運動や静止なのである。したがって経験的な立場からは、この第一の意味での絶対運動を太陽に帰することも地球に帰することもできず、いずれかにそれを帰するならば、経験的な立場から逸脱した独断に陥るほかない。このように、プトレマイオス体系とコペルニクス体系のうち、いずれか一方に軍配をあげることはできないのである。それゆえ、経験的な立場か

ら一方の優位を裏付けるためには、別の意味での絶対運動に争点を移さなければならないことになる。ここで求められるのは、あくまでも経験的に認識することが可能であり、しかもすでに棄却されたような相対運動とは区別される特殊な運動である。

第二の絶対運動とその可能性

　そこでたとえば、川を下る船の運動の場合、船は川岸にあるさまざまな事物に対して相対的に運動している。他方、木々や桟橋、あるいは家など、川岸の事物はいずれも船から見て時々刻々と位置を変えていく。とはいっても、それら相互の配置は変わらない。両者を比較すると、川岸の事物相互とは異なり、船の位置は川岸にある「すべて」の事物に対して変化していくのである。このように、ある特定の客観——観測されたものとしての対象——に対する運動ではなく、他のすべての客観に対する運動を、経験的に認識可能な絶対運動の候補として採用することができる(13)。この第二の絶対運動は、第一のそれとは違って、さまざまな客観を含んだ認識可能な空間における運動である。たしかにこれは相対運動の一種にすぎない。しかし、この第二の絶対運動は、船上から観測される川岸の事物が示す運動（位置変化）とは異なり、単なる見かけではない。それは本当の運動（位置変化）として理解できるであろう。では、この意味での絶対運動に着目することで、コペルニクス体系を勝利させることができるだろうか。

　問題を天体の日周運動だけにかぎると、太陽を含めてすべての天体は互いの配置を変えることなく、一様に運行していくように観測される。この観測事実によると、川岸の諸事物に対して川を下る船がそうであったのと同様、地球と地球上の観測者は太陽との関係でのみ位置（向き）を変えているのではなく、すべての天体との関係でその位置（向き）を変えている。これに対して太陽は、あくまでも地球との関係で位置を変えるだけで、他の天体すべてとの関係では位置を変えない(14)。以上から、川岸の諸事物がそうであったように、相互の配置を変えない諸恒星と太陽の運動は見かけにすぎず、船

と同じ意味で絶対運動しているのは地球にほかならない、と結論づけられるように思える。しかし、プトレマイオスの体系もまた、太陽と諸恒星が日周運動している事実を何らの留保もなく認め、すべての天体との関係で地球がその位置(向き)を変化させていると理解できるような仕方で、その仕組みを破綻なく説明しているのである(15)。マイモンは日周運動だけを例に論じているが、仮に年周運動を問題にすると、太陽が四季の移り行きとともに他の恒星すべてとの関係で位置を変えていく事実から、船と同様にそれが第二の意味で絶対運動していることを認めなければならなくなる。それゆえ、第二の意味における絶対運動を争点とするならば、むしろコペルニクス体系のほうが不利になってしまう。

第三の絶対運動とその限界

そこでマイモンは、さらに第三の絶対運動を提示する。たとえば塔の上から地面にむかって落下する石について考えると、石から見て塔は相対的に運動している。しかし、石は塔との関係でのみ運動するのではなく、他の諸物体すべてとの関係で、しかも重力の法則によってア・プリオリに規定された運動をする(16)。このように「普遍的な法則によってア・プリオリに〔……〕規定されつつその客観に結び付けられる」ような運動が、絶対運動の第三の意味としてあげられる(17)。マイモンがここで「普遍的な法則」として考えているのは、重力の法則が実際そうであるように、地上での実験によっても確認できる普遍的な法則の類いである。すなわちここでは、あくまでも「経験において認識可能であること」に争点が絞られている、と理解してよいだろう。この点に加えてさらに、世界体系の吟味を目指す以上、かれの主張する「普遍的な法則」は天界でも地上でも一様に成り立つという意味で「普遍的」なものでなければならない。主題の性格からして、このこともまた見逃してはならないだろう。しかし、ここで提示された第三の絶対運動は、コペルニクスの体系を支持する根拠となりうるのであろうか。

石の落下運動では、たしかに重力の法則によってア・プリオリに規定され

た加速度運動が、常に例外なく——ア・プリオリに規定されて——起こる。マイモンの表現では、そのように規定された加速度運動が、この場合の客観である石に結びつけられる。まさしくこの点で、重力の法則は経験において認識可能な、しかもア・プリオリに普遍的な法則の一つであるといってよい。とはいえ、石の落下で重力の法則に従った加速度運動が観測されるのは、当の石だけではない。たとえば、仮に落下する石から塔を観測することができたとすると、その場合は塔のほうが加速度運動しているように見える。その他の事物もまた塔と同様に、落下する石からは加速度運動して見える。

　たしかに、この例は塔から見て加速度運動する石に重力が働いていることを示していると考えられ、あくまでも石の運動が重力の法則に従う事実を表していると理解されるかもしれない。しかしながら、運動（位置変化）にのみ着目するのであれば、石から観測される塔の加速度運動をもとに、塔に重力が働いていると考え、その運動が重力の法則に従っていると理解しても、理論上は何ら問題がないのである[18]。マイモンが指摘していることではないが、自由落下する石の上では、ロープの切れたエレベーターの内部がそうであるように、普遍的でなければならないはずの重力が働いていない。したがって、落下する石の座標系では、重力の法則——すべての物体は重力加速度 g で落下するという法則——が文字どおりには成り立たないのである。この点は措くとしても、運動（位置変化）にのみ着目するかぎり、すでにあげた第二の意味での絶対運動を、重力の法則に従った加速度運動へと厳密に絞り込んだこの第三の絶対運動によっても、塔の加速度運動を単なる見かけ上の運動（相対運動）として確定することはできない。つまり、位置変化だけを観測するかぎり、見かけ上の運動と考えられるものは、本当の運動（絶対運動）と考えられるものから厳密に区別することができないのである。したがってこの場合も、第二の絶対運動の場合と、ほとんど同様の結果に終わるほかない。以上から、第三の絶対運動によってもなお、二つの世界体系に勝敗の決定を下すことはできないことになる。

　それでは、コペルニクスの体系を採用することは、つまるところ理論内在

的な根拠によるのではなく、外在的な理由からなのであろうか。たとえば理論モデルとしての単純さであるとか、その調和的な外観であるとか、あるいは実用上の有効性など、たしかにコペルニクスの体系を支持する評価基準を理論の外側に求めることはできるだろう。しかしこれは一種の問題回避にすぎない。実際、マイモンは第四の絶対運動を立てることで、コペルニクスの体系に軍配をあげる経験科学的な根拠の呈示に道を開いている。たしかに重力の法則は、地上付近ではかなり正確に成り立つが、天界でも地上も一様に成り立つという意味での普遍性まではもちあわせていない。しかも前述したように、地上付近でも、落下する石の座標系では、この法則の普遍性は維持されなかった。そしてまさにこのことが、重力の法則に規定される第三の絶対運動の限界になっていたのである。次節ではこの限界を視野に収め、より普遍的な法則によって規定される第四の絶対運動を、マイモンがどのように分析し、それによって懸案の問題を解決しようとしているのかを検討することにしたい。

第2節　絶対運動と相対運動の相互転換

　第三の絶対運動はガリレオの実験を想起させるような設定で論じられていた。物体には大地の中心に向かう重力が作用している。重力の大きさは各物体の質量だけで決まり、質量に比例する。重力の大きさを F、質量を m、そして比例定数を g とおくと、$F=mg$ という関係が成り立つ。g は重力加速度と呼ばれるもので、これが定数となるためには、たとえば鉄球のように重い物体が落下する場合も、また木球のように、鉄球と比べると格段に軽い物体が落下する場合も、同じ加速度で落下しなければならない。ガリレオが行った塔での実験はこれを検証したものである。マイモンが第三の絶対運動について論じたとき、普遍的な「重力の法則」として想定されているのは、その設定からして間違いなくこの関係式 $F=mg$ で表される法則である。これに対し、新たに提示される第四の絶対運動は、ニュートンによって打ち出され

た万有引力の法則をもとに性格づけられる。ここで、ガリレオの法則とニュートンの法則とを比べて、どこにどのような違いがあるのかというと、前者では「定数」とされる重力加速度 g が、後者においては「物体の質量と物体間の距離を変数とする関数」へと改められる点である。しかし、予告はこの程度にして、まずはテキストの解読に力を注がなければならない。

第四の絶対運動をめぐる諸論点

　マイモンのあげる例によると、互いに異なった質量をもつ物体Aと物体Bが、ある空間を隔てて置かれているとき、「万有引力の法則に従って、Aの位置変化の大きさはBの質量に規定され、この逆も成り立つ」[19]。かれがここで「逆も成り立つ」と述べているのは、同じこの法則に従って、逆にまたBの位置変化の大きさはAの質量に規定されている、ということである。そして「これら〔Aの質量とBの質量〕は異なっているため、これら〔AとBそれぞれ〕の位置変化もまた異なってくるとともに、それらに相関する諸客観（die ihnen korrespondierende Objekte）に関係づけられる」[20]。かなり複雑になってきたため、このあたりで論点を整理しておくことにしよう。

万有引力の法則より、

　　① 物体Aの位置変化の大きさはBの質量に規定される。
　　② 物体Bの位置変化の大きさはAの質量に規定される。

そして、Aの質量とBの質量とは異なるため、

　　③ 物体Aの位置変化と物体Bの位置変化は互いに異なる。

これと同時にまた、

④ 物体 A の位置変化は、A の質量に相関する客観に関係づけられる。
　⑤ 物体 B の位置変化は、B の質量に相関する客観に関係づけられる。

マイモンはここで、A と B それぞれに「相関する客観」という表現を用いている。この表現は物体 A にとっての物体 B，および物体 B にとっての物体 A を単純に意味しているのかどうか、この点は必ずしも明確でない。とはいえ、しばらくはこの問題を先送りにして、第四の絶対運動について語られる重要な箇所[21]を、できるだけ字義どおりに訳出しておくことにしよう。

　　たしかに両者〔A と B〕の運動は互いに等しくなる。しかし、そうであるにもかかわらず、位置の変化だけを考慮するならば、両者の運動は各々の位置変化という点で（in einem jeden derselben）異なっている。このことによって絶対的な位置変化は、相対的な位置変化とは異なってくる。というのも、たとえ絶対的な位置変化が両者において等しくないにせよ、一方の物体の相対的な位置変化は、常に他方の物体の絶対的な位置変化と等しいからである。経験において基礎づけられるこの万有引力の法則によって、われわれはそれゆえ、絶対運動を単なる相対運動から区別できる立場にある。2 つの体系の相違点は今や、プトレマイオスの体系では相対運動が（見かけにしたがって）1 つの絶対運動と見なされ、まず初めにそれ〔相対運動〕がそのようなもの〔絶対運動と見なされてよいもの〕として証明されないのに対して、コペルニクスの体系ではそれ〔相対運動〕が、ニュートンの発見した万有引力の法則に従って、そのようなもの〔絶対運動と見なされてよいもの〕として証明され、これをもってすべての現象を調和のうちにもたらすということにある。

直訳に近いことにも起因しているが、ここでマイモンが主張している内容を即座に理解することは、おそらく誰にとっても困難であろう。まずは冒頭の部分で、互いに等しいとされている「両者の運動」は、いかなる運動に対

応しているのだろうか。そもそもこの点からして明確でない。これに続く「各々の位置変化」については、上記の①と②に対応させれば、何とか理解可能である。各々の位置変化とは、それらが万有引力の法則に従う運動と関係する点から推測して、引力の大きさに比例する位置変化のことである。これに加えてニュートンの運動法則を考慮すると、それらは各物体の質量に反比例する「加速度の位置変化」に対応しそうである。この対応づけが正しいとすると、同じ大きさの引力で互いに引き合う物体Aと物体Bは、それぞれの質量に反比例する大きさの加速度で運動するため、質量の異なるAとBでは実際に位置変化の仕方やその大きさが互いに異なってくる。マイモンが「絶対的な位置変化」と呼んでいるのは、したがって、引力の大きさに比例し各物体の質量に反比例する「加速度の位置変化」であると解釈できる。したがって、①と②は次のように改められるであろう。

①′ 物体Aの加速度（絶対運動）はBの質量に規定される。
②′ 物体Bの加速度（絶対運動）はAの質量に規定される。

そしてニュートンの運動法則より、物体に力が働いている場合、その物体の加速度は当の物体の質量に反比例するので、これをもとに③を解釈すれば、

③′ 物体Aの加速度（絶対運動）と物体Bの加速度（絶対運動）は互いにその大きさが異なる

ということである。数式にしたほうがはっきりするが、これは後にする。

相対的な位置変化の問題

しかしながら上記のように、たとえ物体Aと物体Bそれぞれの加速度を「絶対的な位置変化」と対応させる解釈が妥当であるとしても、これとは異なるとされている「相対的な位置変化」とはいったい何であろうか。さらに、

マイモンが引用文中でこの後に説明する「というのも、……」の内容は、ほとんど意味不明というほかない。「たとえ絶対的な位置変化が両者において等しくないにせよ、一方の物体の相対的な位置変化は常に他方の物体の絶対的な位置変化と等しい」とは、どのような事態に対応すると考えられているのだろうか。その一方で「2つの体系の相違点」について語られた最後の長い一文は、たしかに入り組んだ表現で読み取りにくいとはいえ、少なくとも他の箇所と比べれば、かなり理解しやすいように思える。とはいえ、理解しやすい箇所の解釈をもとにして、理解しにくい箇所の内容を推し量る方法は、きわめて有効な場合もあれば、むしろ曲解につながる場合もある。そうした危険性があることにも注意しなければならない。
　従来の研究は、ここでマイモンが考えている「相対的な位置変化」を——研究者それぞれに応じて異なった意味においてではあるが——、結局のところ天体の「見かけ上の位置変化」に対応させて解釈している(22)。これに倣って物体Aと物体Bの例に同じ対応づけを行うと、Aの観点（座標系）から観測される物体Bの「見かけ上の位置変化」、およびBの観点（座標系）から観測される物体Aの「見かけ上の位置変化」が、マイモンの考えている「相対的な位置変化」に相当することになる。そして、これにしたがうと、前掲引用文の冒頭で「両者の運動は互いに等しい」と述べられている運動は、この意味における「相対的な位置変化」に対応しそうである。実際、Aの観点から観測される物体Bの位置変化と、Bの観点から観測される物体Aの位置変化とを比較すると、その大きさは同じである。たしかに、2つの位置変化を比較すると、変化の向きは互いに逆になっている。しかし、いずれの観点からしても、観測対象が観測者の側にむかってくる——両物体が万有引力に抗して互いに運動する場合は離れていく——ということでは「互いに等しい」といえる。これに加えて、この種の解釈には決定的な利点がもう1つある。
　コペルニクスの体系によれば、地球が自転しながら太陽の周囲をめぐっている——絶対運動している——ため、地上で観測すると、あたかも太陽その

他の天体が大地の周囲を運行——相対的に（見かけの上で）位置変化——しているように観測される。このことから推理すると、引用文の後半で述べられている「コ・ペ・ル・ニ・ク・スの体系では相対運動〔地上で観測される天体の見かけ上の位置変化〕が、ニ・ュ・ー・ト・ンの発見した万・有・引・力・の・法・則に従って、絶対運動〔自転しつつ太陽の周囲をめぐる地球の運動〕として証・明・され……」という箇所も、首尾よくこのように解釈できる。つまり、地上で観測される天体の動きは、コペルニクスの体系によると、地球の自転・公転という真の運動が反映したものにほかならない。しかも、太陽の周囲をめぐる地球の運動は、万有引力の法則によって導かれるので、これによって地上で観測される天体の動き方もまた事実どおりに証明される。ほぼこのように解釈できるだろう。

以上の解釈が正しいとすると、マイモンが述べている「証明」は、万有引力の法則にもとづいて2物体相互の運動を扱う場合、格段に質量が大きい物体の側は静止しているものと考えてよい、ということをその基本としている(23)。そして、こうした解釈に倣いつつ各概念の対応関係を整理すると、これまで意味不明であった箇所が次のように理解可能となる。すなわち「一方の物体の相・対・的・な位置変化〔すなわち格段に質量の大きい側（太陽）が示す見かけ上の位置変化〕は、常に他方の物体の絶・対・的・な位置変化〔すなわち格段に質量の小さい側（地球）が力学の諸法則に従って呈している本当の位置変化〕と等しい」という解釈が成立するのである。より簡潔に内容を整理するならば、地球と比べて格段に質量の大きい太陽は静止しているということ、そして地上で観測される太陽の動きは見かけ上の位置変化であること、さらに太陽の見かけ上の位置変化（相対運動）は、格段に質量の小さい地球が力学の諸法則に従って示す絶対的な位置変化（絶対運動）の反映にほかならないということである。しかし、これですべて問題が解決するだろうか。

相対運動と見かけ上の運動

万有引力の法則に従って、2つの物体が相互に引力を及ぼし合いながら運動している場合、一方の物体に視点をおいて観測すると、両物体を外側から

観測したときとは異なって見える。すなわち、一方の視点から他方の位置変化を観測すると、他方の物体だけが運動しているように見えるのである。マイモンのいう「相対的な位置変化」をそうした「見かけ上の位置変化」として理解するならば、この意味での「相対的な位置変化」の大きさは、両物体の質量差とは無関係に、どちらの物体に視点を設定して他方の位置変化を観測しても、かならず互いに等しい。これはすでに確認ずみのことである。

たとえば、エレベーターの質量と地球の質量では、後者のほうが桁外れに大きいが、ロープの切れたエレベーターから観測される地面の迫り方は、その真下の地上から観測されるエレベーターの迫り方と比べて、見かけ上の位置変化という点ではその大きさが等しいのである。エレベーターから観測される地面の迫り方といった、まさにこの例からも分かるように、「一方の物体〔地球〕の相対的な位置変化〔見かけ上の位置変化〕は常に他方の物体の絶対的な位置変化〔質量が格段に小さい側（エレベーター）が力学の諸法則に従って呈している本当の位置変化〕と等しい」ということが成り立つ。ようするに、落下するエレベーターからは地面が迫ってくるように見えるが、本当は地面が動いているのではなく、力学の諸法則に従うエレベーターの落下運動が、地面の動きであるかのように反映して見える、ということである。なるほどこれは理解できる。しかしこれは、マイモンが実際に述べていることの半面でしかない。

すでに直訳に近いかたちで引用した上記の箇所では次のようになっていた。「たとえ絶対的な位置変化が両者において等しくないにせよ、一方の物体の相対的な位置変化は、常に他方の物体の絶対的な位置変化と等しいからである」。すなわちマイモンは、万有引力によって運動する２つの物体について、

⑥ 絶対的な位置変化は両者において等しくない
⑦ 一方の物体の相対的な位置変化は常に他方の物体の絶対的な位置変化と等しい

という2つのことを、ある特定の場合に成り立つ事態としてではなく、一般的に成り立つ事柄として明言しているのである。ようするに、かれは質量の大小関係がどうであれ、常に成り立つ事柄を述べていることになる。この点からすると、前段でエレベーターの例に適用した順序を逆にしても、マイモンが述べていることは一貫して成り立たなければならない。そこで実際そのように対応づけてみると、「一方の物体〔エレベーター〕の相対的な位置変化〔見かけ上の位置変化〕は、常に他方の物体の絶対的な位置変化〔格段に質量の大きい側（地球）が力学の諸法則に従って呈している本当の位置変化〕と等しい」ということになる。つまり、エレベーターが地上にむかって落下する場合、力学の諸法則に従った大地（地球）の絶対的な位置変化（絶対運動）は、見かけ上の位置変化（相対運動）としてエレベーターに反映する、ということである。そして、この対応づけにも堪える解釈になっていなければ、意味不明であった箇所は明言されているとおりに理解されたことにはならない。

　上記の解釈によれば、格段に質量の大きい側は静止していると考えてもよい。つまり、その絶対的な位置変化は無視してもかまわないのであった。たしかにこれは一定の説得力をもっている。しかし、マイモン当人の一般的な主張にもとづく上記の対応づけを見ると、質量の小さい物体が示す見かけ上の位置変化は、質量が格段に大きい物体の絶対的な位置変化と「等しい」こ

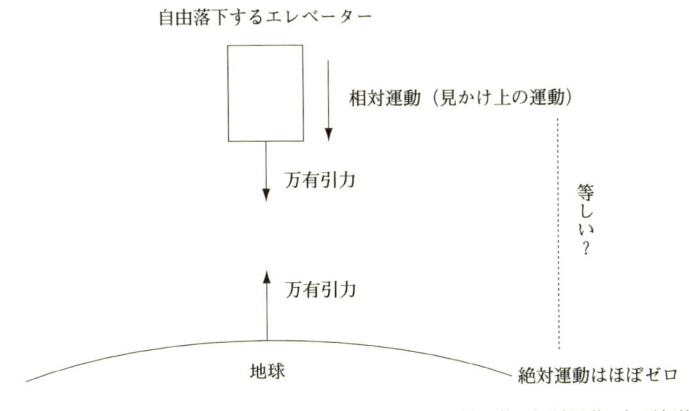

第2節　絶対運動と相対運動の相互転換　83

とになっている。はたしてこれでよいのだろうか。格段に質量の大きい側の地球については、その絶対的な位置変化が無視できる。そして、このように無視できるほど微小でしかない絶対的な位置変化が、⑦によるとエレベーターの相対的な位置変化（見かけ上の位置変化）と等しいことになる。では、エレベーターのように、一方の地球と比べて格段に質量の小さい物体は「相対的な（見かけ上の）位置変化」をほとんど示さないのであろうか。仮にそうだとすれば、地上で観測するとエレベーターは落下してこないように見え、またエレベーターから観測すると地面は迫ってこないように見える、ということになってしまうだろう。これではしかし、マイモンが第三の絶対運動を却下するに至った後の議論は、ただ誤りを導くだけの無意味なもの、あるいはむしろ有害なものであったことになる。このように、相対的な位置変化を見かけ上の位置変化と同一視する上記の解釈は、自覚的か否かにかかわらず、マイモンの議論を破綻させる方向でなされている。

ニュートンの法則と第四の絶対運動

　しかしながら、そもそもマイモンは上掲の引用箇所で、太陽と地球のように質量が何桁も異なる物体間の関係にかぎって論じているのではない。ここで注意しなければならないのは、まさにこの点である。物体Aと物体Bという、マイモンの設定をそのまま理解すると、かれは2物体の運動について一般的な議論をしている。これを一般的な議論として理解しないほうが、むしろ異様な理解の仕方ではなかろうか。文脈からしても、この直前でマイモンは「位置の変化だけを考慮するならば、両者の運動は各々の位置変化という点で異なってくる」と述べている。しかもかれは「このことによって絶対的な位置変化は相対的な位置変化とは異なるようになる」と指摘しているのである。すでにここからして、かれは間違いなく物体運動について一般的に議論している。では、問題の箇所を、語られているまま素直に理解すると、どのようになるだろうか。すでに論及したように、マイモンが問題にしている「絶対的な位置変化」とは、両物体に働く万有引力の大きさに比例し、し

かも各物体の質量に反比例する加速度のことであった。ここで万有引力定数を G，物体 A と物体 B の質量をそれぞれ m_A，m_B とし、さらに A と B のあいだの距離を r とすれば、両物体に働く引力の大きさ f は、ともに

$$f = G\frac{m_A m_B}{r^2}$$

であり、また物体 A と物体 B の加速度をそれぞれ α_A，α_B とおくと、

$$m_A \alpha_A = f$$
$$m_B \alpha_B = -f$$

となる。したがって、

$$\alpha_A = \frac{f}{m_A} = G\frac{m_B}{r^2} \qquad \cdots\cdots 式⑧$$

$$\alpha_B = \frac{f}{m_B} = -G\frac{m_A}{r^2} \qquad \cdots\cdots 式⑨$$

となり、これらがマイモンによって提示された第四の意味における絶対運動、すなわち「絶対的な位置変化」に相当する。イメージを具体化するためには、たとえば大小二艘(そう)のボートがロープで互いに引き合う様子を、岸辺から眺めている状況になぞらえて理解すればよいだろう。この想定からも分かるよう

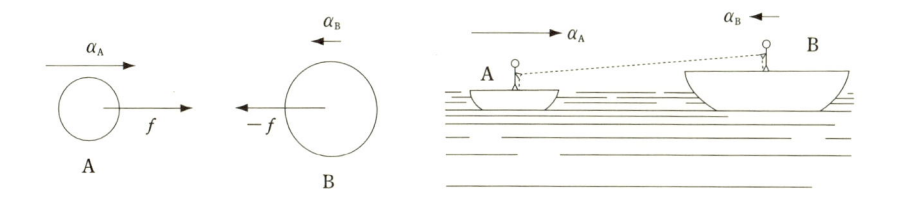

に、α_A と α_B とは互いに向きが逆である。また、A の観点から観測される物体 B の見かけ上の位置変化（加速度）と、B の観点から観測される物体 A の見かけ上の位置変化（加速度）は大きさが互いに等しく、これを $|\alpha|$ とすると、

$$|\alpha| = |\alpha_B - \alpha_A| = G\frac{m_A + m_B}{r^2}$$

となる。

　以上のように、物体Aの第四の意味における絶対運動はα_Aであり、物体Bのそれはα_Bである。また、引用文の冒頭で「互いに等しい」とされている両者の運動とは、その大きさだけ考えると、上式で表される見かけ上の位置変化$|\alpha|$、すなわち$|\alpha_B-\alpha_A|$のことである。そして、この点だけは従来の解釈どおりだといってよい。しかし、ここからは解釈がまったく異なってくる。

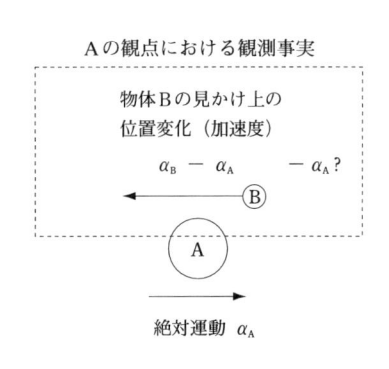

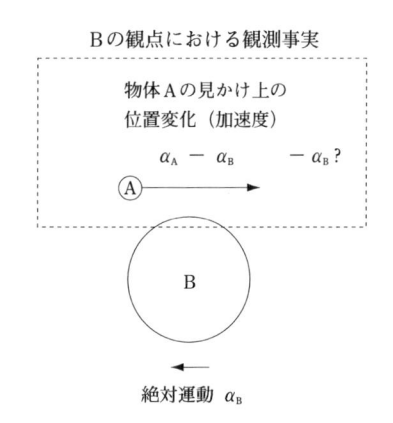

```
     Aの観点における観測事実              Bの観点における観測事実
 ┌───────────────────┐        ┌───────────────────┐
 │   物体Bの見かけ上の      │        │    物体Aの見かけ上の     │
 │   位置変化（加速度）     │        │    位置変化（加速度）    │
 │                   │        │                   │
 │    α_B － α_A    －α_A？│        │   α_A － α_B   －α_B？ │
 │       ←────── B     │        │    A ──────→          │
 └───────────────────┘        └───────────────────┘
            A                               B
          ──────→                          ←──────
          絶対運動 α_A                      絶対運動 α_B
```

　ニュートンの運動法則によると、物体の加速度はその物体に働く力の大きさに比例し、その物体の質量に反比例するのであるから、物体Bの加速度はあくまでもα_Bでなければならない。実際、地上での落下実験その他によって地球の質量が計測されるように、しかるべき有効な方法で物体Aの質量m_Aが測定されたとすると、これをもとにして、先ほどの式⑨から

$$\alpha_B = -G\frac{m_A}{r^2}$$

のようにα_Bは定まる。にもかかわらず、上図で示されるようにAで観測される物体Bの見かけ上の加速度はα（$=\alpha_B-\alpha_A$）である。さて、ここでα_Bに付随してくる$-\alpha_A$は、いったい何であろうか。これは観測点A（物体A上の視点）から――物体Bの運動に反映して――捉えられる「観測点Aその

ものの加速度」にほかならない。しかし、この$-\alpha_A$は観測点Aにおける物体Bの観測によって直接的に認識されるものではなく、観測点Aで実際に観測される物体Bの「見かけ上の加速度α」と、万有引力の法則に従って上式のように算出されるα_Bをもとにして、あくまでも間接的に知られる加速度$\alpha-\alpha_B$である。同様にまた、物体Bに視点をおいて観測される物体Aの見かけ上の加速度はα（$=\alpha_A-\alpha_B$）である。ところが、運動法則に従う物体Aの加速度は、αではない。物体Aの加速度はα_Aにほかならないのである。ここで、物体Bの質量m_Bが測定されれば、物体Aの加速度は先ほどの式⑧により、

$$\alpha_A = G\frac{m_B}{r^2}$$

のように定まる。そして、このα_Aに付随してくる$-\alpha_B$は、今度は観測点B（物体B上の視点）の側から——物体Aの運動に反映して——捉えられる「観測点Bそのものの加速度」に相当する。この$-\alpha_B$もまた、観測点Bにおける物体Aの観測によって直接的に認識されるものではなく、観測点Bで観測される物体Aの「見かけ上の加速度α」と、万有引力の法則に従って上式のように算出されるα_Aをもとに、間接的に知られる加速度$\alpha-\alpha_A$である。

第四の絶対運動と観測点の差異

　マイモンは以上のような理解を背景に、運動法則に従う物体の絶対的な位置変化（加速度）に付随してくる観測点の加速度を、「相対的な位置変化」と呼んでいるのではなかろうか。そして、かれが物体Aと物体Bの運動という設定で、物体運動を一般的に扱っているものと素直に理解するかぎり、意味不明であった理由づけ、すなわち「たとえ絶対的な位置変化が両者において等しくないとしても、一方の物体の相対的な位置変化は、常に他方の物体の絶対的な位置変化と等しいからである」という言明は、述べられているまま自然に理解される。マイモンの設定をこのように受け取るのでなければ、

かれがここで行っている理由づけは、不自然な読み込みを伴わずには理解不可能であろう。

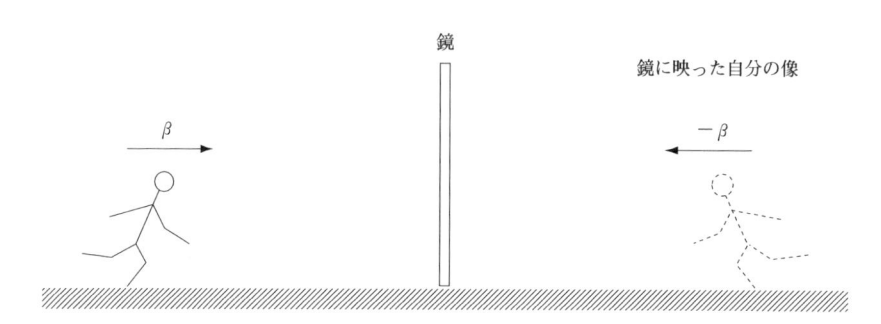

ここでは、しかし、イメージを具体化するために、より実感につながりそうな例で考えておきたい。自分自身が鏡にむかって走っているときのことをイメージしてみよう。この場合、自分が鏡にむかって加速度 β で迫っていると、鏡に映る自分の像は加速度 $-\beta$ で逆の方向に、すなわち、こちらにむかって迫ってくる。この例では、β が絶対運動に相当し、$-\beta$ は相対運動に相当する。このように、マイナスの符号は、それが自分自身の加速度 β の反映であることを表している。マイモンの考えている相対運動は、これと同様に、観測点の絶対運動が観測対象に反映して見える運動なのである。しかし、この事情は上掲の図がそうであるように、自分自身の絶対運動を外側から眺めたとき初めて理解されることである。ちなみに、鏡にむかって走っている自分自身の目からすると、自分の像はどのように運動して見えるだろうか。物体Ａと物体Ｂという、もともとの設定に当てはめるならば、自分自身の目は物体Ａ上にあり、α_A は β に、α_B は $-\beta$ にそれぞれ対応する。したがって自分の像は、見かけ上、

$$\alpha_B - \alpha_A = -\beta - \beta = -2\beta$$

の加速度で運動している、つまり大きさが 2β の加速度で自分に迫ってくるように見える。マイモンはこうした、観測点の絶対運動が観測対象に反映して見えるメカニズムを、一般的に定式化していたのである。

Aで観測する場合	Bで観測する場合
Bの見かけ上の運動：$\alpha_B - \alpha_A$	Aの見かけ上の運動：$\alpha_A - \alpha_B$
Bの絶対運動：α_B	Aの絶対運動：α_A
Bの相対運動：$-\alpha_A$	Aの相対運動：$-\alpha_B$

　実際には、しかし、力学の構図をもとにした基本中の基本事項が再確認されているだけである。それゆえ不自然な読み込みは必要ない。かれは定石どおり、Aの観点とBの観点を往還しつつ、しかも両者を俯瞰する視座から、ニュートン力学によって定式化される物体運動（二体問題）の普遍的な特性を描き出していたのである。ただし「絶対運動」と「相対運動」を定義する仕方はマイモン固有のものであった。かれが慎重にも四段階の検討を通じて、絶対運動と相対運動――および両者の関係――の厳密な意味づけを試みたのは、それらが独自の内容になることを自覚していたからであろう[24]。解釈に際しては、したがって、マイモン固有の定義を既成の「絶対運動」と「相対運動」の意味へと地滑りさせてしまう安易さにこそ、われわれは警戒しなければならなかったことが分かる。

　前節で論及したように、マイモンは〈1〉「対象の側が直観を規定する」のか、逆に〈2〉「直観の側が対象の性質を規定する」のか、という問題の定式化を行っていたが、かれは独自に定義した「絶対運動」と「相対運動」の相互転換という方式で、これら〈1〉と〈2〉を総合していた。これによってマイモンは、対象と直観とのあいだに想定される「因果的な結合」の基礎が主観のうちにあるのでも客観のうちにあるのでもなく、実はニュートン力学によって初めて与えられることを明らかにしている。そしてかれは、観測事実（見かけ上の運動）αが上記の方式で2つの成分α_Aとα_Bに分析（分解）され、それぞれが主観（観測点）と客観（観測対象）の双方に配分されるとともに、観測事実そのものが$\alpha = \pm(\alpha_B - \alpha_A)$のように総合（結合）されて捉え返されることを、ニュートン力学にもとづいて厳密に証明していたのである。

誤解の原因とその訂正

　ところで、先ほどマイモンが「相関する客観」という表現を用いていることを指摘しておいたが、これは物体Aにとっての物体B、および物体Bにとっての物体Aという単純な意味ではない。式で表すと明確になるように、この表現は見かけ上の位置変化 $\alpha = \pm(\alpha_B - \alpha_A)$ のうち、α_A だけが絶対的な位置変化として配分される客観、および α_B だけが絶対的な位置変化として配分される客観ということを意味していたのである。より正確には、ニュートン力学的な意味での質量 m_A と質量 m_B が帰される——つまり力学的な諸概念のネットワークを背景として意味をもつ——かぎりでのAおよびBを、マイモンはそのように呼んでいたことになる。ここで注意しておきたいのは、「$\pm(\alpha_B - \alpha_A)$」という表記の仕方から、あたかも見かけ上の位置変化というものが、もともと α_A と α_B に区別されたかたちで観測されるかのように理解するのは、まったくの誤りだということである。見かけ上の位置変化 $\pm(\alpha_B - \alpha_A)$ は、α_A と α_B が区別されずに、あくまでも両者が混然一体となった α として観測ないし測定される。これにニュートン力学を適用することで、初めて α_A と α_B は区別されるのである。そして、それぞれが「相関する客観」へと関係づけられることにより、普遍的な法則のもとで改めて互いに結合しなおされる、と理解されなければならない。

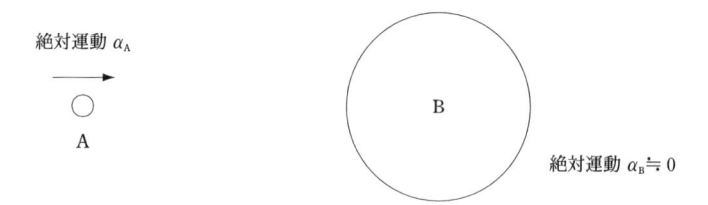

絶対運動 α_A
　→
　○
　A

B

絶対運動 $\alpha_B \fallingdotseq 0$

　さて、絶対的な位置変化と相対的な位置変化を以上のように解すると、後者を見かけ上の位置変化と同一視する解釈が、いかなる誤りを犯しているのかも判明する。それらが妥当するのは、たとえば m_B が m_A よりも桁外れに大きいため、実質的には $m_A + m_B \fallingdotseq m_B$ となり、

($\alpha_B \fallingdotseq 0$ のとき)

Aで観測する場合	Bで観測する場合
Bの見かけの運動：$\alpha_B - \alpha_A \fallingdotseq -\alpha_A$	Aの見かけの運動：$\alpha_A - \alpha_B \fallingdotseq \alpha_A$
Bの絶対運動：$\alpha_B \fallingdotseq 0$	Aの絶対運動：α_A
Bの相対運動：$-\alpha_A$	Aの相対運動：$-\alpha_B \fallingdotseq 0$

$$\alpha_B - \alpha_A = -G\frac{m_A + m_B}{r^2} \fallingdotseq -G\frac{m_B}{r^2} \qquad \cdots\cdots 式⑩$$

が成り立つような場合にかぎられている。そしてこの場合、Aの観点から観測される物体Bの見かけ上の運動（位置変化）は、この式⑩が示しているように、物体Aの絶対運動（絶対的な位置変化）を表す式⑧の

$$\alpha_A = \frac{f}{m_A} \fallingdotseq G\frac{m_B}{r^2}$$

とほぼその大きさ（絶対値）が等しく、向きが逆になる。また、物体Bの絶対運動は、事実上その値がゼロとなる。したがって、Aの観点から観測される、物体Bの見かけ上の運動 $\alpha_B - \alpha_A \fallingdotseq -\alpha_A$ は、物体Bに反映するAの絶対運動、すなわち物体Bの相対運動（相対的な位置変化）となっている。他方、Bの観点から観測される物体Aの見かけ上の運動 $\alpha_A - \alpha_B$ は、$\alpha_B \fallingdotseq 0$ のため、物体Aの絶対運動 α_A とほぼ値が等しくなる。また、Bの観点からすると、物体Aに反映するBの絶対運動 $-\alpha_B$ ——すなわち物体Aの相対運動——は、事実上ゼロとなる。相対的な位置変化を当初から見かけ上の位置変化（観測事実そのもの）と同一視すると、マイモンの議論は以上のような例外的なケースだけに一面化されてしまうため、この一面化に起因する曲解や的外れな批判を導くことになるのである[25]。

重力場における絶対運動

　コペルニクスの体系を採用するとき、万有引力の法則はそのための不可欠な基礎となる。この普遍的な法則に従って証明されることは、地上においても天界においても、物体運動一般について一様に成り立ち、しかも経験的に

認識可能な事柄である。マイモンが「コペルニクスの体系では相対運動が、ニュートンの発見した万有引力の法則に従って、絶対運動として証明され……」と述べていた。かれがここで考えている「証明」は、しかし、独自に定式化された相対運動と絶対運動、ならびに両者が相互転換を通じて総合される「見かけ上の運動」といった道具立てにより、初めて達成される厳密なものであった。マイモンはこのように、コペルニクス体系の採用を正当化するために必要な課題を、各所で自ら明確に宣言している通りに遂行していたことが判明する。すなわち、まさしくここで示したような「証明」をもとに、マイモンは上掲の引用につづく箇所で、コペルニクスの体系が「すべての現象を調和のうちにもたらす」と考えていたのである。

　以上から分かるように、マイモンにとって、カントが観測者を静止させると説明できないと述べていた「天体の運動」は、単にその見かけ上のものとしての観測事実に止まるものではなかった。それは第一義的に、普遍的な法則に従う物体運動の一具体例となる、まさにその意味における「天体の運動」にほかならなかったのである。たしかに、カント当人がコペルニクスにどのような思考法を帰したのかは必ずしも明確でない。しかし、マイモンが上記のように理解していることは、ここまでの検討からして、まず間違いないだろう。かれにとってカントの指摘は、コペルニクスが最初に試み、後にニュートンが達成した「天体運動の説明」をその中心的な論点とするのでなければならなかった。しかも、実際にカントは、前節で引用した有名な箇所において、コペルニクスが地動説による説明を「試みた」とは述べていても、その説明を「達成した」とは述べていないのである。

　カントはさらに「天体運動の核心的諸法則は、コペルニクスが初めはただ仮説としてのみ想定したことに確定的な確実性を与え、同時に宇宙構造を結合している不可視の力（ニュートンの引力）もまた証明したのであるが、仮にコペルニクスが常識に反するとはいえ、それでもなお正しい仕方で、観察される運動を諸天体にではなく、諸天体の観察者のうちに求めるということを敢行していなければ、この力は永久に発見されないままであったろう」

(BXXIIAnm.)と明確に語っている(26)。ここであげられている「核心的諸法則」は、万有引力を証明したとされているところからも、経験的に認識可能なニュートン力学の三法則にほかならない。そして、マイモンによれば、この三法則は単なる「仮説」ではなく、次節で論及する予定の普遍的な規準に該当することになる。なお、付言すると、第四の絶対運動は、今日風に表現するならば、重力場における運動に相当するといえるだろう。このことはともかく、ここまでの解釈をもとにすると、マイモンの理解したコペルニクス的転回は、形而上学の変革にむけた認識論の課題として、いったいどのように捉え直されるのか。次にこの問題を検討しなければならない。

第3節　科学の論理と批判主義の再構成

　前節で検討したことからも分かるように、マイモンは単純な意味で太陽その他の天体と地球との関係を逆転させたことがコペルニクス的転回であるとは理解していない。かれはまた、太陽と恒星天を静止させて、地球が運動していると考え直したことに、コペルニクス的転回の真相を見ているのでもない。さらには、地上で観測される天体の運動を相対的な位置変化として捉える認識の構図も、マイモンにとってはたかだか付随的なものでしかなかったのである。かれが理解したコペルニクス的転回とは、ニュートンの諸法則が天界も地上も貫いて普遍的に成り立ち、しかも経験において認識可能なものである点をその機軸としている。そのような諸法則によって、認識の対象となる天体の運動と、観測者が身を置く地球の運動とが、共にかつ一律に、普遍的かつ必然的に説明される――ア・プリオリに規定される――ということ、まさしくこの成果がコペルニクス的転回の真相であった。これによって、天体の運動と地球の運動が混然一体に与えられる見かけ上の観測事実をもとに、絶対運動と相対運動をそれぞれの運動物体（各質量）に固有なものとして相互に配分できるようになる。マイモンの理解したコペルニクス的転回は、およそ以上のように解釈できる。そしてこの理解は、形而上学の変革にむけた

批判哲学の再構成――カントを継承し批判哲学を強化しようとする課題遂行――に、一貫した仕方で適用されることになる。

ア・プリオリな純粋認識と関数

　ニュートン力学をもとにコペルニクス的転回の意味を確定したマイモンは、その直後に、認識一般の構図という、批判哲学の中心的な問題に議論を移行させて次のように述べる。「ア・プリオリな純粋認識を使用していることは、諸天体の運動の〔観測事実がそうなっている〕ように、一つの現象として、意識の事実である」(27)。これはどのようなことであろうか。天体の見かけ上の運動（現象）は、地球（観測者）の運動 α_A と天体（観測対象）の運動 α_B をともに含み、両者が結びついたものとして観測されている。たとえこのことが明確に理解されるには至っていなくとも、α_A と α_B の両者を未知数とした「観測者と観測対象の関数的な関係」は、いつでも必ず――すなわちア・プリオリに――使用されており、この点は意識の事実にほかならない。おそらくマイモンはこのように主張しているのであろう。ここでは未知数を含む関数的な〈観測者‐観測対象〉の関係一般が「ア・プリオリな純粋認識」に対応することになる。かれはそれを「認識の主観と客観とのあいだの関係」と言い換え、さらには「それら〔主観と客観〕が相互に関係づけられるように規定された表象諸様式」とも性格づけている(28)。

　哲学用語の連続で分かりにくいが、マイモンは天体運動の観測においても常に用いられている「観測者と観測対象との関係」を、ここでは認識一般にまで拡張しようとしているのである。かれはこの拡張にむけて、数学の扱う関数が未知数を含む点では未確定なものでありながら、1つの未知数が特定の値をとると他の未知数も定まってくるといったように、ある規定された関係を表していることに着目した。そしてマイモンは、このような数学的関数の特性に範をとって〈主観‐客観〉関係を改めて構想し、未確定な諸要素を含んでいながら、経験を通じてそれらが相互的に確定される点では規定されている、そうした関数的な性格をもつものとして、この関係を性格づけてい

るのである。ここでは、ようするに、そうした関数的な関係がいつでも必ず——ア・プリオリに——前提されていることで、初めてわれわれの認識が事実として成り立っている、と理解すればよいだろう。経験に由来するのではなく、逆に経験的な認識を成り立たせる基本的な枠組みということで、この関数的な関係は「ア・プリオリな純粋認識」と呼ばれているのである。

より具体的には、たとえば川を下る船から見た場合、川岸の木々や馬車の動きなどが、地面に静止してそれらを見るときと比べて、かなり異なって観測される。しかもわれわれは、観測する自分自身の動きが見かけ上の動きに影響する（反映する）ことを、経験的によく知っているのである。このように、観測者（主観）と観測対象（客観）との相互的な関係が、それぞれの場合に応じた仕方でいつも使用されているということは、通常の経験においても「意識の事実である」といえるだろう。明確にこれを意識する、すなわち実際に一つの関数として定式化するか否かとは別に、いつでも必ずそのような——未確定な要素を含むア・プリオリな——関係を用いて、ものごとを認識していることは、やはり経験のなかで認められる事実なのである[29]。

各種の近似と独断

さて、現象の根拠が諸客観のうちにある、と仮定してみよう。すると〈主観 - 客観〉関係としてア・プリオリに使用されている関数的な純粋認識の根拠は、「絶対的に諸客観に属し、認識能力にはただ相対的にのみ属している」ことになるだろう[30]。天体運動の説明に置き換えると、これは観測事実 $\alpha_B - \alpha_A$ を無反省に天体の絶対運動と同一視する点で、俗流プトレマイオス体

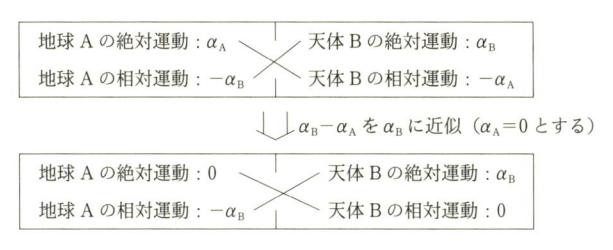

| 地球 A の絶対運動 : α_A | 天体 B の絶対運動 : α_B |
| 地球 A の相対運動 : $-\alpha_B$ | 天体 B の相対運動 : $-\alpha_A$ |

↓ $\alpha_B - \alpha_A$ を α_B に近似（$\alpha_A = 0$ とする）

| 地球 A の絶対運動 : 0 | 天体 B の絶対運動 : α_B |
| 地球 A の相対運動 : $-\alpha_B$ | 天体 B の相対運動 : 0 |

系に相当する理解である。ニュートン力学の観点からすると、この説明は地上で観測される天体Bの見かけ上の運動$α_B-α_A$を、無反省に天体Bの絶対運動$α_B$に近似する、すなわち$α_A=0$と断定することを意味している。そして、天体Bの絶対運動$α_B$は地球Aの相対運動に等しく、逆に地球Aの絶対運動$α_A$は天体Bの相対運動と等しいという先程の関係が成り立つ。この関係の前半から、天体Bの絶対運動とみなされた運動——地球上の視点で観測される天体Bの見かけ上の運動——$α_B-α_A≒α_B$は、地球Aの相対運動$(-α_B)$と向きが逆で、その大きさは等しくなる。また、上記の関係の後半から、地球Aの絶対運動$(α_A=0)$は天体Bの相対運動$(-α_A=0)$と等しい。

　ニュートン力学に従うと、木から落ちてくるリンゴと同様に、月もまた地上にむかって常に落下している。この落下運動と慣性運動が合わさって、月は地球の周りを公転運動しつづけるのである。たとえばこの例のように、天体Bが月で、地球にむかうその落下運動に問題が限定されると、$α_B-α_A≒α_B$と考え、地球の絶対運動$α_A$をゼロとする前段の近似はほぼ妥当する。しかし、たとえば月の引力によるものとされる潮汐現象は、こうした近似によるかぎり首尾よく説明できない（第三章で論及する）。また、天体Bが太陽の場合、この近似はまったく妥当しない。このため、プトレマイオス型の理解

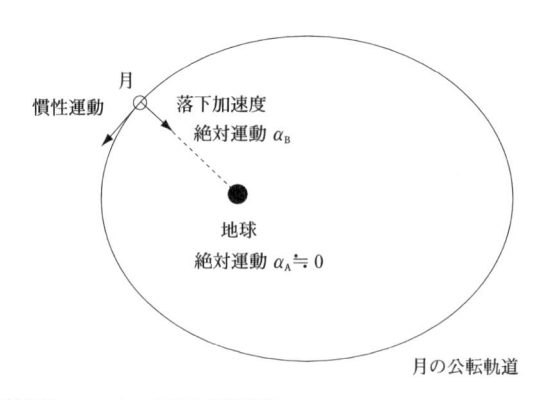

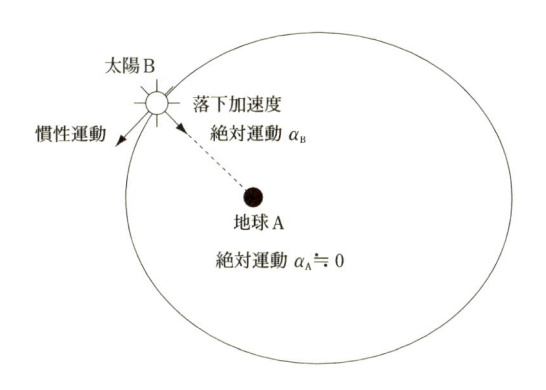

```
         太陽 B
慣性運動 ☉ 落下加速度
  ←    絶対運動 αB
         ╲
          ╲
           ╲
            ● 地球 A
           絶対運動 αA ≒ 0
```

は、潮汐現象や太陽の運動を力学的に説明しようとしても破綻してしまうのである。これと同様の理由で、認識一般が可能であるための条件となる、ア・プリオリな純粋認識の根拠を諸客観の側へ、しかも絶対的に帰する——つまり $α_B - α_A ≒ α_B$ と断定して観測事実をすべて天体 B の運動に委ねる——試みは、けっして普遍的な妥当性を獲得できない。このように、天文学にニュートン力学を導入する企てとの類比で考えると、認識一般に関して現象の根拠を諸客観のうちに措く仮定は、成果があまり期待できないのである。

　他方、以上とは逆に「もしも前記の純粋認識が認識能力へと絶対的に付与されるべきものだとすれば、純粋認識はア・プリオリに（可能的経験の）客観一般の概念から導かれなければならない」と述べられている[31]。難解な表現で当惑するが、これはようするに、認識が成り立つための根拠をすべて認識能力に帰するならば、意識の事実として現に用いられている関数的な〈主観 - 客観〉関係は、すべてが帰されているところの認識能力に由来しなければならない、という指摘である。そして認識能力のうちには当然、個別具体的な客観そのもの（事物）が備わっているわけではなく、たかだか客観についての一般的な概念が備わっているにすぎないのであるから、客観との関係を含む純粋認識はこうした客観一般の概念から導かれなければならない。論点としては、ほぼこのように理解できるだろう。

第 3 節　科学の論理と批判主義の再構成

| 地球Aの絶対運動：α_A | 天体Bの絶対運動：α_B |
| 地球Aの相対運動：$-\alpha_B$ | 天体Bの相対運動：$-\alpha_A$ |

↓ $\alpha_B - \alpha_A$ を $-\alpha_A$ に近似（$\alpha_B = 0$ とする）

| 地球Aの絶対運動：α_A | 天体Bの絶対運動：0 |
| 地球Aの相対運動：0 | 天体Bの相対運動：$-\alpha_A$ |

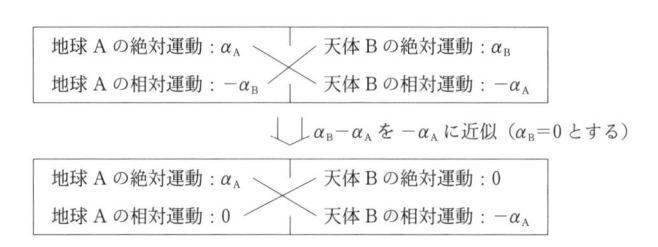

　天体運動の説明に置き換えると、現象の根拠を認識能力のうちに描くこの考え方は、天体Bの絶対運動α_Bをゼロと断定することに相当する。そしてこの場合、観測事実$\alpha_B - \alpha_A = -\alpha_A$は、地球Aの絶対運動$\alpha_A$が対象の側に反映した$-\alpha_A$と同一視される。つまり、天体Bの運動は、地球Aから観測した場合に地球Aの絶対運動α_Aが反映した天体Bの相対運動$-\alpha_A$であり、地球上で観測されるのは、天体Bの絶対運動ではなく、その純然たる相対運動（$-\alpha_A$）——かつ見かけ上の運動（$\alpha_B - \alpha_A = -\alpha_A$）——にほかならないと考えられるのである。マイモンのあげていた第二の絶対運動がこの考え方の基本になっており、天体の日周運動という観測事実から、地球が川を下る船の場合と同様の意味で絶対運動していると理解されている。ここから解釈を進めると、これは地球の自転だけを絶対運動とする立場になりそうである。仮にコペルニクス体系のように、太陽をめぐる地球の公転運動までが考慮さ

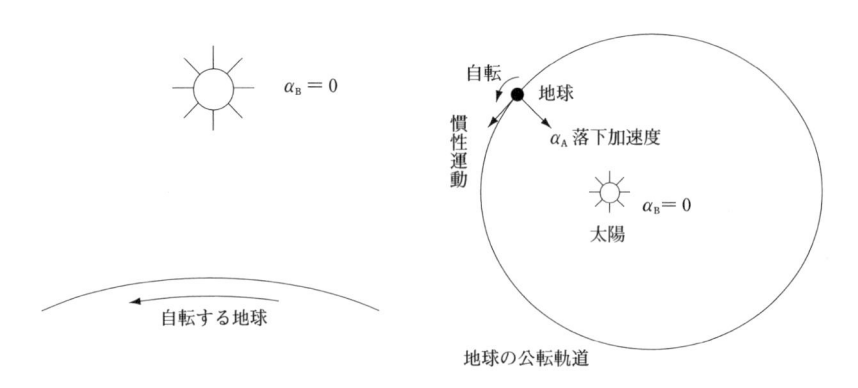

98　第二章　哲学的ニュートン主義と批判哲学

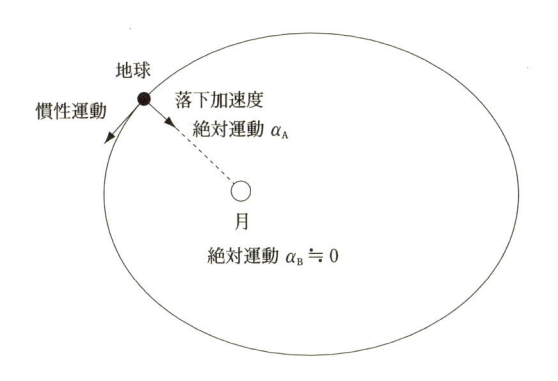

```
         地球
慣性運動  ●  落下加速度
    ↙   ╲  絶対運動 $\alpha_A$
           ╲
            ╲
             ○
             月
         絶対運動 $\alpha_B \fallingdotseq 0$
```

れたとしても、この理解にはニュートン力学の裏付けが伴わない。そのため、たとえば地球 A と太陽 B との関係で、観測事実 $\alpha_B - \alpha_A$ を、地球の絶対運動 α_A が太陽 B に反映した $-\alpha_A$ とみなし、太陽 B の絶対運動 α_B をゼロとすることは独断にほかならず、単に偶然の結果としてニュートン力学にもとづく近似的な説明と一致するだけである。いうまでもなく、A が地球で B が月だとすると、地球 A が月 B をめぐって公転運動していることになり、この種の――つまり月 B の絶対運動 α_B をゼロとする――近似は、力学的な説明としては全面的に破綻する。

独断論の背理

　マイモンは以上 2 つの考え方を「独断的形而上学者」に見られるものとして斥ける[32]。そして、かれはその理由を次のように指摘している。「かれら〔独断的形而上学者たち〕は、主観と諸客観とのあいだに成り立つ単なる関係から、この関係の根拠を前者〔主観〕または後者〔諸客観〕に付与する権利をもちあわせていない」[33]。この指摘は天文学でいうと、おそらくニュートン力学による裏付けがまだ不在の段階で、経験に根ざした普遍的な法則を追求することもなく、単なる独断から天動説と地動説の二者択一に決定を下す立場へとむけられている。独断的形而上学者にむけたマイモンのこうした批判的姿勢は、しかし、かれが第四の意味における絶対運動をもとに理解した、

関数的な〈主観 - 客観〉関係にそくして考えるとより明確になる。

　前節で確認したように、ニュートン力学にもとづいて2つの物体の運動を理解する場合、《見かけ上の運動・絶対運動・相対運動》といった、いわば三側面で扱う必要がある。ここで「見かけ上の運動」は、両物体いずれの観点からしても、直接的に認識される観測事実であった。これは経験的な主観によって認識される具体的な事実であり、カントの用語で表すと「現象 Erscheinung」に対応する。地上で観測すると、太陽その他の天体は大地の周囲を運行するように見えるが、この場合、まさしくそのように観測される諸天体の運行が現象に相当すると考えてよい。では、地上という特定の観点に立つ経験的な主観に対して、天体の絶対運動が現象として完全に現れ、絶対運動そのものが認識されているのだろうか。この問いに対して、絶対運動が認識されると考えるのは、形而上学において諸客観に現象の基礎を求める独断的傾向に対応する。

　たしかに月の運動については、地球上から観測される見かけ上の運動、すなわち現象 $\alpha_B - \alpha_A$ が近似的に月の絶対運動 α_B となるため、絶対運動はほぼ現象として現れていることになる。しかし、これはあくまでも近似である。これよりも遥かに近似の精度がよくなる事例として、木から落ちるリンゴの場合はどうか。月と地球の質量差よりもリンゴと地球の質量差のほうが何桁も大きいため、この場合は近似の精度がより高くなり、リンゴの絶対運動はほとんど完全に現象として現れ、現れるままわれわれに認識される。さらには、真空状態を作って米粒を落下させれば、リンゴの場合よりも格段に精度は高くなるだろう。しかし、それでもやはり、近似であることに変わりはない。そして、近似であることを克服するために質量ゼロの物体を仮に想定したとしても、万有引力は質量ゼロの物体には働かないのである。つまり、この想定では万有引力の法則が成り立たない場合に、万有引力の法則に従う絶対運動が現象として完全に現れる、という矛盾した事態になってしまう。このように、絶対運動そのものは限りなく接近できはしても、現象としてはあくまでも認識不可能であり、また認識の客観そのものとしては、整合的に思

考することさえできない⁽³⁴⁾。それはカントが現象の背後に想定した「物自体 Ding an sich」に当たる矛盾に満ちた性格のものだといってよいだろう。

　マイモン自身は論及していないことであるが、同様のことは、万有引力の現れ方についても指摘できる。すでに示したように、万有引力は距離 r だけ離れた質量 m_A の物体 A と質量 m の物体 M とのあいだで、

$$f = -G\frac{m_A m}{r^2}$$

のように働く。ここで m_A を地球の質量とすると、地球中心から距離 r の位置におかれた物体 M は、

$$m\frac{d^2 r}{dt^2} = -G\frac{m_A m}{r^2} \quad (\text{G：万有引力定数})$$

$$\frac{d^2 r}{dt^2} = -G\frac{m_A}{r^2}$$

の加速度で運動する。文字どおりにこの式を理解すると、r の自乗に反比例する物体 M の加速度は、地球中心に近づくとマイナス無限大に発散しなければならない。地球周辺の質量はすべて、この特異な中心点にむかって、地球中心からの距離に応じた加速度をもつのである。地球について考えたこの場合が示しているように、万有引力はそれがマイナス無限大に発散する特異な一点に由来し、かつその一点にむかう物体の加速度として現れる。

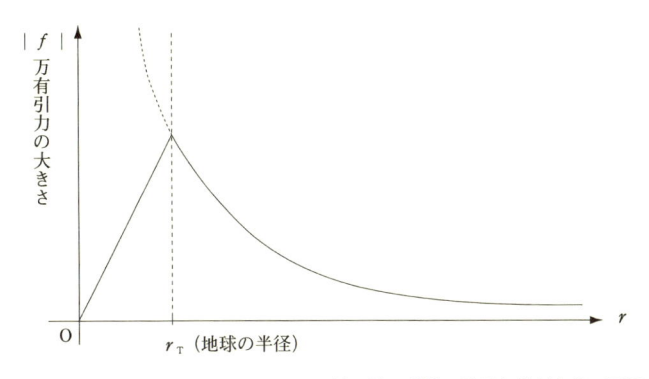

たしかに、力学のある場面において、質量が一点に集まった「質点」という扱いが許され、しかもその有効性は数学的に保証される。また、地球内部の引力については、万有引力の法則をもとにして地球内部の密度分布その他に微積分の処理を施すと、各点の引力が算出されるだけでなく、地球の引力中心では引力がゼロになるという結果も導かれる。しかし、この種の手法がいかに有効であろうとも、それはあくまでも数学的な処理におけることでしかない。物理的な観点から、しかも単なる数値上の一致ということではなく、あくまでもその力学的な「意味」を理解しようとするかぎり、物体の加速度として現れる万有引力は矛盾に満ちた性格を呈する。地球の引力中心は引力がゼロの数学的な点である。しかし、それはすべての質量に働きかけ、その近傍では無限大になるような仕方で加速度を生み出す。そして実際に、地上の物体も天界の物体も、引力中心の近傍では〝あたかもそうなるかのように〟加速度運動する。このように、万有引力はその起点ないし源泉そのものを基礎として考えようとすると、きわめて不可解かつ不条理な様相を呈するのである。この種の基礎を求める姿勢は、主観（認識能力そのもの）に現象の基礎、あるいは関数的な〈主観 - 客観〉関係の基礎をおこうとする独断論の姿勢に対応している。

　かくして、独断的形而上学者らは、きわめて不条理な主張をしていることになる。かれらは経験的に認識可能なニュートン力学の諸法則を、いわば〝万有引力に引かれる質量ゼロの物体が示す運動（?）〟あるいは〝引力が無限大かつゼロの引力中心（?）〟によって基礎づけるといった、自滅的な企てに類することを行っている。つまり、かれらはこの企てと類比的に、関数的な〈主観 - 客観〉関係が事実として使用されることは如何にして可能かという問題を追究して、この「関係の根拠を前者〔主観そのもの〕または後者〔諸客観そのもの〕に付与する」といったように、認識不可能なものに基礎を求める錯誤に陥っているのである[35]。この理由から、独断論は無効な立場として排除されなければならない。そして、第四の意味における絶対運動の理解に相応な、別の立場設定が模索される必要がある。

批判主義の理路と発展する規準

　さて、独断論とは異なり、批判哲学は何よりも「まず仮説として erstlich hypothetisch」、〈主観 - 客観〉関係の根拠を主観に付与する。そして批判哲学は、さらに「純粋認識〔関数的な〈主観 - 客観〉関係〕がア・プリオリに経験的な諸対象と関係している現象を、経験一般の或る客観の諸概念から導けないかどうか、また、それら諸概念が経験の客観すべてとア・プリオリに結びつけられるような仕方で、当該の現象を把握できないかどうか試してみる」(36)とマイモンは述べている。ここであげられている現象としては、川を下る船から見た岸辺の様子や、岸辺から見た船の動き、さらにはロープで互いに引き合う2艘のボートなどを想像すればよいだろう。また「経験一般の或る客観の諸概念」としては、ニュートン力学の基本概念となる質量や「力と諸法則によって規定される絶対運動」(37)の概念を例に理解することにしよう。すると、マイモンはここで、三段階の手続きを語っていることが分かる。

　まず、ニュートン力学に倣い、運動する船での観測など、具体的な経験において認識される関数的な〈主観 - 客観〉関係を、経験の客観を一般的に規定すると思われる諸概念によって、さしあたりは仮説として定式化してみることである。次に、定式化されたその関係をもとにした場合、天体の運動も含めて経験の客観すべてがア・プリオリに説明されないかどうか試してみることである。そして最後に、経験の客観すべてにむけて普遍化された観点から、たとえば船の運動や運動する船の視点で観察される事実など、もとになった現象を仮説どおりに把握しなおせるか否か、あらためてこれを確認することである。以上の手続きが首尾よく運ぶと、批判哲学者は「ある規準」を獲得する。マイモンによると、その規準にもとづいて「件（くだん）の純粋認識〔関数的な〈主観 - 客観〉関係〕がア・プリオリに主観に属し、そのような主観にとっての客観であるかぎりでのみ、当の純粋認識は客観について妥当するということが認識できるようになる」(38)。では、ここで考えられている規準とはどのようなものであろうか。

従来の解釈では、マイモンは自らが語る規準を結局のところ提示していないとされ、奇妙な推理がここからなされてきた(39)。しかし、前節で示したように、かれはニュートン力学による「絶対運動と相対運動の相互的な配分」をモデルに議論している。このことを看過してはならない。万有引力の法則と運動の三法則がこの相互的な配分の規準になったように、マイモンはすでに検討したような三段階の手続きで経験的な諸学問が発展し、その発展を通じて次第に高度の普遍性をもつ規準がもたらされると考えた(40)。批判哲学者の獲得する規準とは、認識能力が上記のような三段階の手続きを首尾よく達成したとき、当の手続きに使用されている相互配分則にほかならないのである。したがって、マイモンが「件の純粋認識がア・プリオリに主観に属し〔……〕」と述べるとき、かれが純粋認識——関数的な〈主観‐客観〉関係——をア・プリオリに帰属させる主観は、この点からしても心理的な個人主観ではありえない。それは以上のように発展する経験的な認識の基礎として、単に方法論的・論理的に想定される主観であり、換言すると経験的な学問研究総体の、いわば「学的主観」である(41)。すなわち、マイモンはあくまでも方法論上の疑似的な想定として客観化される、さまざまな学問研究活動の論理的〈主語＝主体〉を指して「認識能力 Erkenntnisvermögen」と呼んでいたのである(42)。

ニュートン力学とコペルニクス的転回

　以上のように、マイモンによる「コペルニクス的転回」の解釈には、批判哲学の課題遂行にむけた極めて一貫性の高い論理構制が認められる。従来の研究には一貫性の欠如をかれの議論のうちに指摘するものが少なくなかった。しかし、実際には、逆にそうした指摘のほうが決定的な見落としに由来していたのである。そもそもマイモンはニュートン力学の深遠な内容を厳密に理解していた。そして理解した内容から、かれは批判哲学が倣うべき重大な論点を摘出していたことが分かる。マイモンはそのうえで、批判哲学の再構築にむけた自らの課題を現に遂行している。にもかかわらず、今日までの研究

は、これらの解読に失敗していたのである。そしてこの種の失敗は初期ドイツ観念論の解釈や研究のうちにしばしば散見される。たとえば、カントと並ぶ巨頭フィヒテは、その初期において三つの原則をもとにした哲学説を構築している。では、なぜ三原則なのだろうか。よく知られているように、ニュートン力学は《慣性の法則・運動法則・作用反作用の法則》といった、いわゆる三法則からなっている。そしてフィヒテの三原則は、ほぼ完全にこの順序で対応する性格をそれぞれもっているのである。この点についての検討は、しかし、次章に譲りたい。

　カントを継承したマイモンは、ニュートン力学をもとにしたコペルニクス的転回の解釈を、哲学・形而上学の変革にむけた決定的な機軸として据える。そしてかれは、ニュートン的なコペルニクス主義が天界の説明を達成したその前例に倣い、純粋認識のア・プリオリな相互的配分則によって、主観と客観を再規定する方向へと認識の普遍的な構図を発展させていた。1794年8月16日付のフィヒテ宛書簡において、マイモンは次のように語っている。「今や哲学を天界から地上へと呼びもどす時である」[43]、と。

第三章　知識学の三原則と力学的体系構成

　本章では、J・G・フィヒテの主著『全知識学の基礎』[1]のうちに見られる議論が、単なる偶然とは思えないほどニュートン力学の例と符合することを示してみたい。このために、まずは両者の関係を、万有引力による物体の運動が観測者にとってどのように理解されるのかを考える（第1節）。そして、力学の思考様式が、観測者と観測対象とのあいだを往復することにより、格段に強化されるメカニズムを示したい（第2節）。本章では、以上の検討を承けて最後に、ニュートン力学の基本となる諸原理がフィヒテの哲学体系に導入されている事実を、理論的に解明する予定である（第3節）。

　　　　　　　第1節　運動の三法則と知識学の三原則
　　　　　　　第2節　天界の力学的解明と間接的定立
　　　　　　　第3節　関係の完全性と運動の成分分解

　しかしながら、そのためにはニュートンによって提示された法則について、予備的な問題提起をしておかなければならない。
　物体は外力を受けないかぎり、静止したままか、あるいは等速直線運動をつづける。慣性の法則（第一法則）はしばしばこのように定式化される。では、たった1つの物体だけが存在して、他には何も存在しない場合に、外力を受けていないその物体が静止しているのか等速直線運動しているのかを、はたして判別することができるだろうか。このことがまず問題になる。次に、ニュートンの運動法則（第二法則）によると、物体の加速度は外力に比例する。しかし、この加速度は何を基準に測られるのだろうか。外力についてもまた、それ自体を直接測定できるのかという点が疑問となる。さらに、第三法則によると、作用と反作用は大きさが等しく、向きが互いに逆である。が、

これは以上の2法則とどのように関係しているのであろうか。

　前章でマイモンの議論を検討して分かったように、絶対運動の確定には大きな問題が潜んでいた。このことをもとに考えると、慣性の法則が何を主張しているのかという第一の問題からして、それほど容易に解決できるものではなさそうである。また、基準や物差しをまったく前提しないような測定ということが、はたして意味をもちうるのかという疑問も浮上してくる。そしてこの疑問からすると、作用と反作用を測定するときの基準や座標系が何であるのかということも、たとえば単にバネ秤を使えば実測できるということで、即座に解決する問題ではなさそうである。実際、急上昇や急降下する飛行機の内部では、同じ錘をさげたバネ秤が地上での場合とは異なった目盛を指す。このように、測定の基準や座標系の設定は、力学の基本を理解するうえで無視できない重要性をもっているといえるだろう。そこで、以上のような問題を念頭に置きながら、あらためてニュートン力学から題材を採った検討を試みることにしよう。

第1節　運動の三法則と知識学の三原則

　物体は外力を受けないかぎり、静止したままか、あるいは等速直線運動をつづける。たしかにこれは正確に定式化された慣性の法則である。しかし、実は誤解の誘因が、この定式のうちに微妙なかたちで潜んでいる。ここで問題にしなければならないのは、この定式中の「静止したままか、あるいは等速直線運動をつづける」という箇所にほかならない。一見するとこれは、外力を受けない物体が「静止状態を保つ」か、あるいは「等速直線運動をつづける」か、いずれか一方に「定まる」と主張しているかのように理解されるのではなかろうか。しかし、一方に定まるためには、あらかじめ特定の座標系が設定されていなければならない。というのも、物体が静止しているのか等速直線運動しているのか、あるいはそれ以外であるのかは、座標系の設定に応じて初めて定まるからである。しかも座標系の設定は基本的に自由であ

る。どのようにそれを設定しなければならないか、という点について、慣性の法則は何も語っていない。この法則は無条件に、すなわちどのような条件下でも成り立つ、物体運動の普遍的な性格を示しているのである。

座標設定の自由と観点の二重化

　外力を受けない物体が静止していると観測されるような座標系を設けても、またそれが等速直線運動していると観測されるような座標系を設けても、常にニュートン力学の諸法則は成り立つようになっている。この点に着目すると、慣性の法則は、外力を受けない物体が静止しているか等速直線運動しているか、これを絶対的に定めることはできず、また定める必要もなく、いずれの設定で扱ってもかまわないことを述べていることが分かる。以下では慣性の法則に従う運動を、この意味で「慣性運動」と呼び、これを v_0 と表記することにしたい。そして、物体の運動を観測する観測者が、この慣性運動 v_0 の状態にあるものと想定することにしよう。いうまでもなく、これだけの前提では、観測者は他に比較するものがないため、自分自身が運動しているのか静止しているのかを判別できず、また判別することは意味をもたない。

　次に運動法則によると、物体の加速度 a は外力 f に比例する。また、物体の加速度は外力に比例するだけではなく、当の物体の質量 m に反比例する。このため運動法則は $ma=f$ と表される。ここではしかし、加速度がどこから何を基準に測られるか、ということを問題にしてみたい。現段階で前提してよいのは、慣性の法則に従っている観測者だけであり、かれは自分を基準として——たとえば自分自身を座標系の原点として——観測対象の加速度を測るほかない。設定をできるだけ単純にするために、この観測者から見て物体 M が加速度 a で運動している——そのように観測される——場合を、以下では考えることにしよう。また、正確な時計と物体 M までの距離を精度よく測定する器具が、この観測者によって使用されていると仮定しておきたい。すると、物体 M の示す加速度 a は実際に計測されるため、観測者は物体 M が運動法則に従って、この a に比例し、その質量 M にも比例するよう

な外力を受けていると理解するだろう。しかし、観測者Sが自分自身もまた物質的な身体をもっており、全身体の質量 m_S が物体Mと同じく運動法則に従っていると考えると、事情は大きく異なってくる。

　観測者Sによって計測されるのは$α$だけである。このため、物体Mが自分にむかって加速度運動しているのではなく、観測者自身が物体Mにむかって加速度$α$の運動をしているのかもしれない。すでに前提されていることと、計測された$α$だけからは、物体Mが観測者にむかって加速度運動しているのか、逆に観測者自身が物体Mにむかって加速度運動をしているのか、これらはまったく区別できないのである。このように、以上の前提からすると、計測された加速度$α$が物体Mのものであるのか観測者自身のものであるのかは判然としない。とはいえ、ここで想定されている物質的な存在は観測者Sと物体Mだけであり、この点で加速度運動が帰属しうるのは両者以外には見当たらない。観測された$α$が、仮に一方のみに属するのであれば、他方の加速度はゼロとなる。そして、運動法則 $mα=f$ が常に成り立つとすると、加速度がゼロとなる側には外力が働いていないことになる。すなわち、観測者Sと物体Mだけが存在するときに、質量をもつ物体ということでは同等な二者のうち、一方だけに外力が働いていることになるのである。しかし、水面に浮かぶ2艘の船がロープで引き合う場合などの経験的な事実からすると、互いに加速度運動して接近する2つの物体は、ともに外力を受けている。そして、これと同様のことが上記の場合には成り立たないと考える理由を探しても、さしあたりはどこにもない。

　以上から、第三法則によって観測者Sと物体Mとが同じ大きさの外力 f を受けていると仮定すると、観測者の加速度$α_S$と物体Mの加速度$α_M$は、それぞれ f/m_S と $-f/M$ に確定する。しかも、これらをもとに算定される $α_M-α_S$ が、観測事実どおり$α$であることも保全される。これと相表裏して、現時点まで明確な定義なしに、ただ漠然とした仕方でのみ設定されていた質量Mと質量m_Sは、$α_S$と$α_M$の比をもとに、あらためて力学的に定義しなおされる。しかしそのためには、$α_S$と$α_M$を測る基準ないし座標系が、あらか

この図は慣性運動 v_0 の観点から見たもの

じめ設定されていなければならない。というのも、ここで利用できるのは、

$$m_S \alpha_S = f$$
$$M \alpha_M = -f$$

したがって、

$$\frac{m_S}{M} = -\frac{\alpha_M}{\alpha_S}$$

という比の関係だけであるため、左辺が決まれば右辺が決まり、その逆でもあるということにすぎないからである。そして、ここまでの設定からすると、慣性の法則に従う当初の視点、すなわち慣性運動 v_0 の状態にある座標系において、α_S と α_M とは互いに区別され、それと同時に運動法則に従う観測者Sにとっては $\alpha = \alpha_M - \alpha_S$ となることを保証するであろう。ここでさらに注目しなければならないのは、観測者が当初の設定どおり慣性運動 v_0 の状態で、物体Mの運動と自分自身の運動をともに見わたす観点（上図を見る観点）と、自らが質量 m_S として運動法則に従う観測者Sの観点に、いわば二重化されることによって、初めて $\alpha = \alpha_M - \alpha_S$ という理解に至っているということである。

ディレンマの浮上とその解決

　さて、ここまではニュートン力学にもとづく絶対運動の相互配分が問題にされており、内容もマイモンの議論とほぼ同趣旨になっている。しかし、マ

イモンと比較して、フィヒテの議論は格段に抽象的である。後者が『全知識学の基礎』において体系構成の第一原則としているのは、たとえば「自我は自己自身を定立し、自我は自己自身による定立というただこのことによって存在するのであり、しかもこの逆が成り立つ……」(259)と表現されるものである。このように、とてつもなく難解な命題であるが、ここでは慣性の法則との対応で理解しておけばよいだろう。すなわちこの第一原則は、他に比較するものがないために、自分自身の運動状態を判別できず、また判別する必要もない、つまり慣性運動する観測者Sの観点が、まず第一に設定──定立──されなければならないことを述べている、と解釈できる。

また、フィヒテの提示する第二原則は「自我に対して端的に非我が反立される」(266)といったものである。この原則はニュートンの第二法則、すなわち運動法則に対応させて理解することができる。すでに検討したように、観測者Sは自分に対して加速度運動する対象Mを観測し、経験的に認識可能な運動法則によってこれを理解しようとする。しかし、そのような理解に進む以前の段階では、自らとはまったく異質な対象物体Mの呈する未知なる運動（非我）が、観測者S自身（自我）に反立（対立）するものとして受け取られるだけである。そして、仮にすべての運動が観測者S（自我）にもとづかなければならないとすれば、観測される加速度は観測者S自身に属することになる。しかしそうなると、慣性運動v_0の状態にある、すなわち「静止」しているか「等速」直線運動している観測者Sという当初の設定──第一原則の自我──は、全面的に撤回されるほかない。これとは逆に、もしも観測される運動が完全に「未知なる」対象に属するのであれば、経験的に認識可能な運動法則をこれに適用できるのか否かはまったく不明となり、未知なる運動は未知であるどころか端的に「不可知」となる。では、どのようにすれば、理解と認識はここから前進できるのだろうか。フィヒテはこうしたディレンマを打開するかのように第三の原則を提示している。

第三原則は次のように定式化される。「自我は自らのうちに、可分的な自我に対して可分的な非我を定立する」(272)。これは前記の運動法則に加え

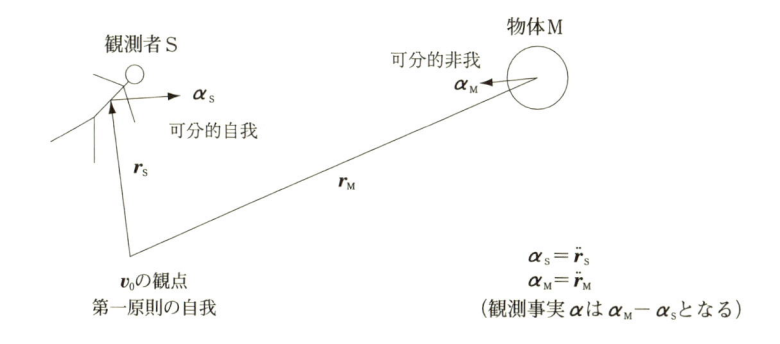

観測者S　　　　　　　　物体M
　α_S　　　可分的非我
　　可分的自我　　α_M
　r_S
　　　　　r_M

　　　　　　　　　　$\alpha_S = \ddot{r}_S$
　　　　　　　　　　$\alpha_M = \ddot{r}_M$
v_0の観点
第一原則の自我　　（観測事実αは$\alpha_M - \alpha_S$となる）

て、運動の第三法則、すなわち作用反作用の法則にもとづく、加速度の相互的な配分に対応すると考えてもよいだろう。観測者S（自我）は慣性運動v_0の観点（第一原則の自我）と、運動法則に従う観点（可分的な自我）に二重化され、前者の観点から加速度が相互的に配分される。これによって、観測事実は改めて理解しなおされるのである。フィヒテによると、ディレンマ的な対立のこうした解決こそが、従来「分析と総合」と呼ばれていたものの原型にほかならない（vgl. 275）。ここで用いた物体運動の例でいうと、作用反作用の法則ないし相互作用の法則に従って、観測者の運動と観測対象の運動とは相互に——α_Sとα_Mに——分析（区別）されつつ、同時にまた総合——$\alpha = \alpha_M - \alpha_S$——されている。ようするに、分析と総合は同じ事柄の二側面なのである。第一原則の自我は慣性運動v_0の観点から、運動法則に従う自分自身の運動状態（可分的な自我）に対して、未知なる観測対象Mの運動状態（可分的な非我）を定立している。しかしながら、フィヒテの第三原則は実のところ、ここで扱った量的な相互関係をまだ明確なかたちでは呈していない。量的な相互関係が厳密に導かれるのは、三原則をもとにした議論が、ある程度まで進展した後である[2]。しかも、ニュートン力学が物質現象を支配する諸法則を問題にしているのとは異なり、フィヒテの知識学では、そうした諸法則を知識として定式化する「知性の働き方」が問題にされる。このように、

ニュートンの設定とフィヒテの設定は、まったく位相を異にしている。それゆえ次に、ニュートン力学的な例を採用しながらも、フィヒテの第三原則そのものに即した問題整理をしなければならない。

第三原則の再設定

　ここまでは理解を容易にするために、万有引力の法則が成り立つことを暗黙の背景とするような議論の設定になっていた。しかし、この背景を取り去ると、現段階では観測事実 α を物体 M と観測者 S へと適切に配分しなければならないことが、ただ課題として知られただけである。それゆえ、ここからは、どのような仕方で α を配分すればよいのかということが、まだ不明な段階にあると想定しなおして、議論を進めなければならない。すなわち、配分の割合がどうなるのか、また配分がどのような意味で相互的であるのか等々が、まだ分かっていない段階に理解をもどすということである。かえって、回りくどくなるとはいえ、フィヒテの論理構成がどの程度ニュートン力学の議論に耐えうるのかを調べるためには、この作業がどうしても必要となる。

　さて、以上のような再出発の時点で考えると、配分の方針はどのように立てられるだろうか。ここでは念のために、現段階で前提となることを、あらかじめ整理しておくことにしよう。まず第一に、

　　[1] 観測者 S（自我）は自分自身の運動状態を知るのでなければならない。

第二に、

　　[2] 観測者 S（自我）は、自分自身に対して未知なる物体 M（非我）が運動 α を呈していること（事実 daß）を知る。

そして第三に、

> [3] 観測者S（自我）は観点v_0のもとに、運動αの一部分に与る自分自身（可分的自我）と、運動αの一部分に与る物体M（可分的非我）を措く。

この［3］の段階から、どのように理解を前進させるか、以下ではまさにこれが問題となる。

　しかし、そもそも［3］が成り立つためには、観測者Sが自分自身の運動状態を知らなければならない。これと同時に観測者Sは、物体Mの運動状態によって限定されている通りに、自分自身の運動状態を知る──知識として限定する──のでなければならない。これらの条件をまとめなおすと、

> ［T］観測者S（自我）は、物体Mの運動状態（非我）によって限定されている通りに、自分自身の運動状態を知る（限定する）のでなければならない

ということになる。フィヒテ自身は上掲の第三原則に含まれるものとして「自我は、自我によって制限されたものとして、非我を定立する」および「自我は、非我によって制限されたもの〔働き〕として、自己自身を定立する」といった2命題を提示している（285）。そして、かれは後者の命題を、理論的な知識の基礎となる基本命題としている。ここではしかし、すでに3つの原則をニュートン力学に適用しやすく特化して議論しているため、知識学の実践的な部門に関係する前者の命題にまでこの特化を及ぼすと、当然のことながら不都合が生じる。この点に加えて、上記［T］のもとになる命題は、フィヒテが「自我は、非我によって限定されたもの〔働き〕として、自己自身を定立する」（287）と定式化しているものであることを確認しておきたい。

観測者（自我）の能動と受動

　さて、命題［T］によると、観測者Sは自分自身を知る（限定する）といった能動的な側面をもつとともに、物体Mによって限定される点では受動的であり、そのかぎりで物体Mのほうが能動的な側面をもっている。すなわち、

　　［4］観測者S（自我）は、自分自身の運動状態を知る（限定する）

　　［5］物体M（非我）は、観測者S（自我）の運動状態を限定する

という2つのことが共に成り立つことを、命題［T］は主張しているのである。では、どのようにして両者は共に成り立ちうるのであろうか。
　ここで、経験的な観測事実 α を留保なく認めつつも、観測者S（自我）は物体M（非我）の方向に x だけの運動——マイモンによる第四の意味での絶対運動——をしていると想定してみよう。仮に観測者Sが物体Mの方向に α の運動をしている、つまり $x=\alpha$ であれば、観測者Sの運動 α はそっくりそのまま物体Mに射影されて（反映して）観測される。たしかに、量と方向で考えると、$x=-\alpha$ のとき、物体Mに運動 α が射影される。ここではしかし、観測者Sが、観測事実 α にどの「程度」寄与しているものとして、自

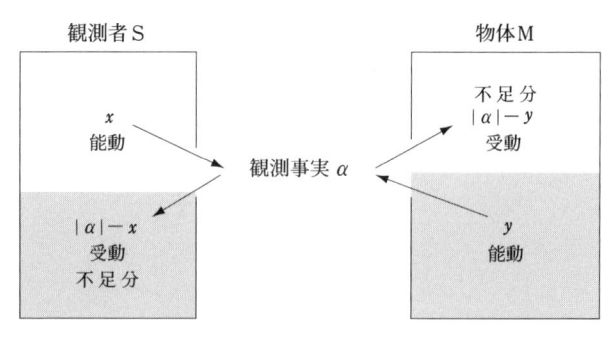

分自身の運動状態を知る（限定する）かということ、すなわち「程度」の問題に着目して「量」を考えることにしたい。そして、方向を考慮した定量的な枠組みについては、後に改めて設ける予定である。

　さて、寄与の程度という点でいえば、絶対値で考えて$x=|\alpha|$の場合、観測者Ｓは、自分自身の運動状態が観測事実に寄与する程度として知る（限定する）$|\alpha|$の射影を、当の観測事実αのうちに認めることになる。しかし、$x<|\alpha|$であれば——負の量は方向を考慮した定量的な枠組みが設定されるまで考えないことにして——、このような理解にとって観測者Ｓの運動は$|\alpha|-x$だけ不足していることになる。観測者Ｓの側からこの状況を整理すると、観測者Ｓはx分だけ観測事実αへと能動的に寄与しており、不足分の$|\alpha|-x$だけは受動的な仕方で同じ観測事実αに関与している、ということになる。次に、物体Ｍのほうが観測者Ｓの方向にyだけの運動——第四の意味での絶対運動——をしていると想定してみよう。この場合、仮に物体Ｍが観測者Ｓに向かって$|\alpha|$の運動をしている、すなわち$y=|\alpha|$であれば、観測事実は物体Ｍの運動αがそのまま観測者Ｓに受け取られている、と理解できるだろう。しかし$y<|\alpha|$であれば、このような理解にとって、物体Ｍの運動は$|\alpha|-y$だけ不足している。物体Ｍの側からこの状況を整理すると、物体Ｍはy分だけ観測事実αへと能動的に寄与しており、不足分の$|\alpha|-y$だけは受動的な仕方で同じ観測事実αに関与していることになる。

　以上の設定で、もしもxがどのように定められてもよいならば、物体Ｍは観測者Ｓの運動状態を限定することはなく、他方ではまた、観測者Ｓが自ら自分自身の運動状態を知る（限定する）こともない。このように、[4]と[5]はいずれも必然的には成り立たないことになる。ところが、観測者Ｓが単独で観測事実αをつくりだすためには、$|\alpha|-x$だけ不足している点に着目し、物体Ｍがまさにこの$|\alpha|-x$分だけ能動的に、観測事実αへと寄与している——すなわち$y=|\alpha|-x$——とすれば、事情はかなり異なってくる。この場合には、観測者Ｓが観測事実αに受動的に関わっている$|\alpha|-x$だけ、物体Ｍは能動的に観測事実αに寄与していることになる。それゆえ、

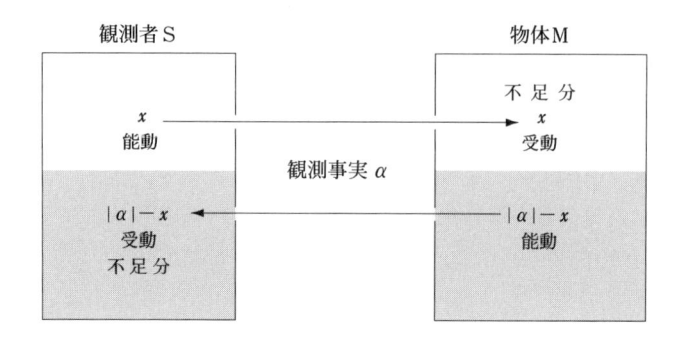

```
        観測者S                    物体M
   ┌─────────────┐          ┌─────────────┐
   │             │          │   不足分    │
   │     x   ────┼──────────┼──→  x       │
   │    能動     │          │    受動     │
   │         観測事実 α                    │
   │▓▓▓▓▓▓▓▓▓▓▓▓▓│          │▓▓▓▓▓▓▓▓▓▓▓▓▓│
   │▓ |α|−x  ◀───┼──────────┼── |α|−x  ▓▓│
   │▓  受動    ▓ │          │▓   能動   ▓│
   │▓ 不足分   ▓ │          │▓▓▓▓▓▓▓▓▓▓▓▓▓│
   └─────────────┘          └─────────────┘
```

　観測者Sと物体Mは「量」の面で直接的に結びつき、物体Mが能動的に観測者自身の運動状態を限定する可能性もまた確保される。これで［5］は維持される。他方、観測者Sが能動的に観測事実 α へと寄与する x だけ、物体Mは受動的に観測事実 α と関わっていることになり、この点においても観測者Sと物体Mは「量」の面で直接的に結びつく。

　ここで、あらためて全体的な相互関係を見ると、観測者Sは x だけ能動的であることによって物体Mを x だけ受動的なものとし、同時に $|α|-x$ だけ能動的なものとされる物体Mにより、観測者Sは $|α|-x$ だけ受動的になっている。このように、観測者Sが物体Mを介して再帰的に自分自身の運動状態を知る可能性も確保された。こうして［4］もまた維持されることになる。そして、以上のような観測者S（自我）と物体M（非我）の双方向的な限定関係を、フィヒテは「交互限定 Wechselbestimmung」と命名している（290）。ここで観測者Sはすでに述べたように、自分を含めた全体状況を見渡す v_0 の観点（第一原則の自我）と、自らもまた物体として運動する観測者（第三原則の自我）へ二重化されている。これによって観測者Sは、ただ「単に運動している」だけではなく、自らが運動状態にありながらも、物体Mと自分自身との交互的な運動関係を「知る」のである。この交互限定はニュートン力学の第三法則――作用反作用の法則――を、フィヒテが知識の成り立ちについての哲学的な議論全般にまで拡張した、いわば「知の基

本法則」だと理解してもよいだろう。そして、この基本法則が成り立つためには、観測者Sからしても物体Mからしても、x の値によらず α が量的に保存されるのでなければならないことも分かる（vgl. 288f.）。付言しておくと、物理学では通常、何かが保存されるというと、時間経過のもとで量が変化しないことを表すが、ここでフィヒテが考えている「量的な保存」は、理解にむけた枠組みの設定によって変化を強いられないという意味である。

負量の概念と作用性（因果性）

ところで、あらためて命題［5］の「物体M（非我）は、〔……〕観測者S（自我）の運動状態を限定する」という箇所に着目すると、これはあたかも、単なる物体が意志をもって観測者に働きかけているかのような内容である。これは単なる譬喩(ひゆ)でなければならないだろう。というのも、自分自身の運動状態を知ろうとしているのは、あくまでも観点を二重化して理解に努めている観測者Sにほかならず、観測事実 α をもとにして x や y を操作しながら、自他の運動状態を知ろうとして知性を働かせているのは、観測者Sの側だからである。このことに関するかぎり、物体Mのうちに想定される能動的な $|\alpha|-x$ は、もとをただせば観測者Sが x の値をあれこれと考えながら、それに応じた自らの不足分をもとにして、第二次的に物体Mへと帰属させたものにほかならない。したがって、物体Mのうちに想定される能動的な $|\alpha|-x$ は、観測者Sが自分自身の受動的な運動成分として認めた $|\alpha|-x$

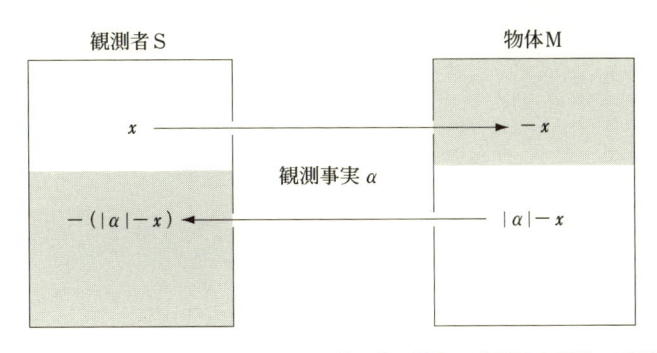

を、いわば埋め合わせるような逆方向の運動である。そして、能動的な $|\alpha|-x$ が物体 M のうちに想定されるのは、観測者 S の不足分 $|\alpha|-x$ が実は「負の量」であったことの表れである、と考えられる（vgl. 293f.）。

　以上のように負の量という概念が導入されると、観測者 S にとっての不足分 $|\alpha|-x$ は、$-(|\alpha|-x)$ と表記しなおすことができ、これだけで「不足分」であることが示せるようになる（前頁の図参照）。すると、たとえば債権という正の量が債務という負の量によって初めて効力をもつように、物体 M の $|\alpha|-x$ は能動的な正の量ではあっても、観測者 S の $-(|\alpha|-x)$ という負の量によって初めて効力をもつ量として、物体 M のうちに想定されていることになる。同様に、観測者 S の x は、物体 M 側の $-x$ を埋め合わせる量として性格づけることもできる。このように受動から能動が定まる関係を、フィヒテは「作用性 Wirksamkeit」と呼ぶ（294）。これは先程の「交互限定」が示す特殊な側面であり、交互的に量が限定されることに加えて、受動から能動が定まるという順序をもっている。また、この段階で初めて、方向を考慮した定量的な枠組みが設定できたことになる。現段階までは、観測事実 α に相関する $|\alpha|$ を単に「程度」を表す量として考えていたが、以下ではこれを観測者 S に向かってくる加速度と理解するかぎり、α そのものが負の量として捉えなおされることになる。

実体性と完結した理解の構図
　ところで、命題［T］には、以上で検討したのとは異なった側面が認められる。たしかに［T］の表現は、物体 M（非我）によって観測者 S（自我）が限定されることを、特に強調しているように思える。しかし、それには次のようなことが同時に示されている。

　　［T′］観測者 S（自我）は、自らが限定されている通りに、自分自身を
　　　　限定するのでなければならない。

これはフィヒテが「自我は、限定されたもの〔働き〕として、自らを限定する、すなわち、自我は自らを限定する」(295)と定式化している命題に対応する。すでにあげた命題［T］は、観測者S（自我）の運動状態に特化されているが、後の議論（第3節）に備えて、命題［T′］はよりフィヒテのものに近づけてある。そして、この命題［T′］には、

　　［6］観測者S（自我）は自分自身を限定する

　　［7］観測者S（自我）は限定される

といったことが含まれている。これら［6］［7］によると、命題［T′］は、同じ観測者S（自我）が限定する側であると同時に限定される側でもある、と主張していることになる。これはどのようなことであろうか。観測者Sは物体Mと無関係に、ただ自分だけで能動的であり、同時にまた受動的であるとされている。この点で命題［T′］は、かなり奇妙なことを表現しているようにも見える。以下ではこの奇妙さが解消するように、観測者Sの状況を定式化してみよう。

　作用性において観測者Sは、自らが観測事実αに対して、xだけ能動的に寄与していると考えていた。そこで次に、このように想定されたxについて考えてみたい。観測者Sはxを自らに帰属させつつも、これが観測事実αをもたらすには、まだ不足していることを知る。たしかにxは観測者Sの能動的な運動である。しかし、それは$|\alpha|$と比べて量的に劣るため、xと同じ方向で大きさ$|\alpha|$の運動を尺度にすると受動的なものとなる。すでに検討した作用性の場合には、観測者Sにとって$|\alpha|-x$だけの分量が不足している――受動的である――ことから、$|\alpha|-x$が物体Mのうちに想定された。しかし、xは観測者Sにとって、もともと能動的なものである。そしてxは、まさに能動的であることによって、絶対値$|\alpha|$を尺度にしたときには低度の能動に止まることになる。すなわちxは、能動性の総量$|\alpha|$を余すとこ

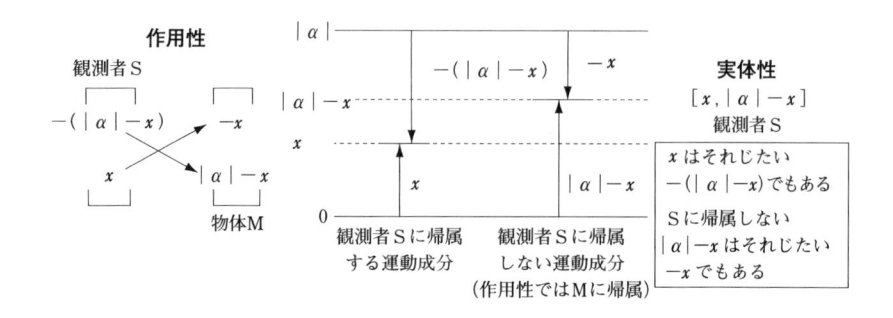

```
作用性                 |α|                                          実体性
観測者S    ┌─┐    ┌─┐  ↓        ↓                              [x, |α|−x]
  ┌─┐   −(|α|−x)  −x  |α|−x    −(|α|−x)   −x                    観測者S
 −(|α|−x)  └─┘    └─┘                                      ┌─────────────┐
  └─┘       ╲     ╱     x                                  │ x はそれじたい│
   x         ╳                                             │ −(|α|−x)でもある│
  ┌─┐       ╱     ╲      ↑        ↑                        │ Sに帰属しない │
   x        |α|−x        x        |α|−x                    │ |α|−x はそれじたい│
  └─┘    └─┘   └─┘                                          │ −x でもある   │
         物体M          0   観測者Sに帰属   観測者Sに帰属    └─────────────┘
                             する運動成分   しない運動成分
                                          （作用性ではMに帰属）
```

ろなく保有する状態と比べると、あらためて $-(|α|-x)$ で表される受動的なものとなるのである。フィヒテはこのように能動から受動が定まる関係を「実体性 Substantialität」と呼んでいる（302）。

　ここで、実体性の定式が $[x, |α|-x]$ となっているのは、観測者Sが運動成分 x だけを自分自身に帰属させ、残る $|α|-x$ だけ保留しているということを表している。これにより、第一項の x が保留分の $|α|-x$ だけ不足していること、すなわち第一項の x がそのものとして $-(|α|-x)$ でもあることを同時に表しているのである。こうした実体性もまた、先程の「交互限定」が示す特殊な側面にほかならない。しかしながら、交互的に量が限定されることに加えて、実体性では能動的な成分 x が観測者S（自我）に帰属することにより、第二次的に観測者S（自我）の受動的な成分 $-(|α|-x)$ が定まるといったように、能動から受動が定まるという順序をもっている。このように、実体性では、能動と受動の定まる順序が作用性とは逆になっている。

　この実体性に従うと、何かを知るうえではもっぱら能動的でなければならない観測者S（自我）に、$-(|α|-x)$ という受動的な負の量が帰属する、あるいは「$|α|-x$ だけ不足している」という設定を、今後は改めてもよいことになる。というのも、観測者Sは自らのうちに、もっぱら能動的な正の量 x だけをもち、単にこの量 x が絶対値 $|α|$ を尺度に量られるかぎりにおいてのみ、副次的に受動的な性格を呈するにすぎなくなるからである。こ

```
     観測者 S                物体 M
┌──────────────┐       ┌──────────────┐
│  ┌────────┐  │       │              │
│  │   x    │──┼──→ 観測事実 α        │
│  └────────┘  │  ↑    │              │
│              │  │    │              │
└──────|α|─────┘       └──────────────┘
```

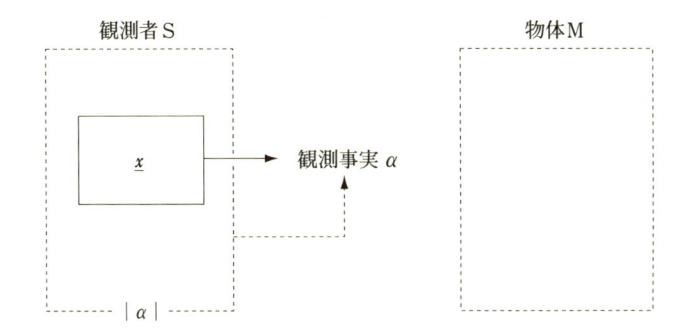

のように、$|α|$ を尺度とするかぎりで、正の量 x そのものが $-(|α|-x)$ という負の性格を帯びるのであって、観測者 S の受動（負の量）を埋め合わせる物体 M 側の何かという想定は不要となる。これによって観測者 S は、未知なる物体 M（非我）を想定する必要がなくなり、自分自身の枠組みだけで完結した理解の構図を立てられるようになっている。まさにこの点が、作用性をもとにした理解の仕方とは、大きく異なるのである。観測者 S（自我）は自らを x に限定する。これで［6］が成り立つ。また、観測者 S（自我）は $-(|α|-x)$ だけ限定されている。これで［7］も成り立つ。ところが、［6］と［7］は同じ事柄の両側面にほかならず、観測者 S（自我）は、自らが $-(|α|-x)$ に限定されている通りに、自分自身を x に限定しなければならない。このように命題［T′］は理解されるだろう。

　付言すると、実体性の交互限定で立てられた x と $-(|α|-x)$ の関係をもとに、$α$ もまた変数として定式化される関数 $f(α, x)$ が、マイモンの考えていたア・プリオリな純粋認識に相当する。そして、フィヒテにおいても、この $α$ は一種独特の意味をもっている。たとえば力学的な問題を扱っているときに、$α$ や x として置かれるのは、単なる数ではない。それらは速度や加速度、あるいは質量、力といった理論的な意味をもっている。つまり、$α$ や x は力学の知識体系が背景となることで、初めて意味をもつのである。これらはいずれも、背景となる知識体系が特定のかたちをとって、いわば結晶化

したものにほかならない。実際、目下のように α や x として加速度が立てられる場合、そこにはものごとを力学的に捉える思考様式のネットワークが、その一局面を強調する仕方で直接間接に映し出されている。仮にそうした思考様式が背景になければ、α や x は単なる記号にすぎず、以上のような議論は意味を失うだろう。α や x がここまで考えていたような意味をもつためには、自覚的か否かにかかわらず、その背景に力学の知識体系が裾野を広げていなければならないのである。

たとえば x が加速度だとすると、x は具体的な実数値である以前に、われわれが時間、空間、質量、力、速度、その他との関係で加速度を知る仕方、あるいはそのようにして加速度を知る仕方の像である。そして、このことからも推察されるように、観測者 S（自我）のうちに帰される——より正確には二重化された自我のうち第一原則の自我に帰される——$|\alpha|$ は、力学的にものごとを知る諸様式の総体に相当する。ようするに観測者 S は、たとえ特定の観測事実 α を理解する場合であっても、力学的な観点から一点の曇りもなくそれを理解しようとするならば、この様式総体を余すところなく動員しなければならないということである。フィヒテは、以上のような意味での $|\alpha|$ こそが本来的な意味での「実体」にほかならないと考えている（vgl. 299f.）。このことから、実体性に与えられた前記の定式 $[x, |\alpha|-x]$ は、実体を成す力学的な知識総体 $|\alpha|$ の部分的な現れ x（特定の属性）と、保留されて明確には現れていない残余に相当する $|\alpha|-x$（他の属性）との対を表現している。しかしながら、このことが決定的に重要になるのは、実体性についての討究をさらに進めた後になるので、ここでは詳論しないことにしよう。しばらくのあいだ、作用性の検討で用いた具体例からイメージされる、単に量的な意味で α や x を理解しておくほうが、混乱を避けるためには都合がよい。

ところで、作用性と実体性の違いが明確になると、フィヒテの第三原則に対応するものとして、すでに定式化しておいた——物体 M（非我）への言及を含む——命題 [3] は、前者の作用性にそくした表現になっていることが

分かる。そこでこの [3] に代えて、実体性では

> [8] 観測者 S（自我）は観点 v_0 のもとに、運動 α の一部分に与りつつ、しかも同時にその他の部分には与らない、そのような自分自身（可分的自我）を措く

といった命題を用いるのが適当であろう。しかし、これは見てのとおり、命題 [3] の一側面にほかならない。それゆえ、どちらかというとイメージしやすい命題 [3] を用いて、この後も議論を進めることにしたい。予告しておくと、命題 [8] が必要になるのは、本章第3節の終わり近くになってからである。

理解の構図の再検討

さて、実体性を定式化したことにより、観測者 S は未知なる物体 M（非我）を想定する必要がなくなった。そして、かれが自分自身の状況、すなわち x およびこれと表裏する $-(|\alpha|-x)$ だけから、理解を前進させる準備は整ったことになる。ところが、命題 [1] によると、観測者 S はもっぱら自分自身の運動状態を能動的に知るのでなければならならない。つまり、観測者 S は自らのうちに、不足分の量 $|\alpha|-x$、ないし負の量 $-(|\alpha|-x)$ といった、受動的な性格のものを発見する理由をもっていないのである。作用性によると、観測者 S（自我）の受動をもとにして、物体 M（非我）に能動が帰せられる。しかし、そもそも観測者 S の受動は何に由来するのであろうか。実体性にもとづくと、この受動は観測者 S 自身のものとされる。すなわち、実体性における受動は、$|\alpha|$ よりも低度の能動 x にほかならなかったのである。ところが、x は自由に想定される変数でしかなく、現段階でこの変数を $0<x<|\alpha|$ のように $|\alpha|$ よりも低度の量とする条件はどこにも見当たらない。命題 [1] からすると、むしろ $x=|\alpha|$ であることが要請されているともいえる。このことから、実体性にもとづく理解の構図を採用するこ

とによって、もはや未知なる物体Mを想定する必要はないと思われた予想は裏切られ、交互限定が成り立つための条件として、再び命題［2］の物体M（非我）を前提しなければならなくなる。「自我〔観測者S〕は、非我〔物体M〕のうちに能動性を措くことなしには自らのうちに受動性を措くことができず、またその一方で、自我は受動性を自らのうちに措くことなしには非我のうちに能動性を措くことができない」（304）。フィヒテはこのように指摘している。

では、上記の指摘を物体運動の例に詳しく当てはめてみると、いったいどのようなことになるだろうか。交互限定の議論にさいして、観測者Sは観測事実αを理解するために、運動xを自らに帰属させていた。しかしその段階では、なぜそのように設定するのか、その根拠は不明であったというほかない。また、仮にこの設定が偶然に的を射ていたとしても、xは依然として未確定な変数のままである。いずれにせよ、このような設定そのものが的外れである可能性は、どこまでもつきまとうだろう。それでも交互限定が有効であるためには、xおよび$-(|\alpha|-x)$を観測者Sに、また$-x$および$|\alpha|-x$を物体Mに、それぞれ配分する「何か」が、交互限定を方向づけているのでなければならないことになる。とはいえ、ここで手掛かりとなるのは、観測事実αのうちに認められるものと既出の命題［1］［2］［3］だけである。というのも、ここでは交互限定の有効性が疑問に付されているため、これを導くときに用いた［4］［5］と、これら以降に呈示された論点には依拠できないからである。さて、以上の問題はどのように解決されるのであろうか。

フィヒテの議論に準拠すると[3]、現時点で浮上した問題は命題［3］を適用することで打開される。この命題によると「観測者S（自我）はv_0の観点から、運動αの一部分に与る自分自身（可分的自我）と、運動αの一部分に与かる物体M（可分的非我）を措く」のであった。ここに見られるのは、観測事実としての運動αが部分的に観測者Sへ、また部分的に物体Mへと配分される、といった認識ないし知識の構図である。そして、まさにこれを一

般化した手続きが、上記の問題に適用されることになる。どのような一般化がなされるのかというと、以上では「観測事実としての加速度 α」が観測者S（自我）の直面する未知なるもの（非我）とされていたのに対し、これをよりフィヒテの定式に近づけて「観測者S（自我）は v_0 の観点から、未知なるものの一部分に与る自分（可分的自我）と、未知なるものの一部分に与る物体M（可分的非我）を措く」とすることである。この一般化により、以下では加速度 α だけではなく、その根拠までが「未知なるもの（非我）」の候補となり、これに命題 [3] を適用する準備ができる。

では、実際に交互限定を方向づけているものについて、命題 [3] はどのような見通しを与えてくれるだろうか。観測者Sは交互限定を成り立たせる「何か」を、その一部分は自分自身に、また他の一部分は物体Mにそれぞれ帰属させる。まさしくこれが打開策にほかならない。最終的にこの「何か」はそれぞれ、α_S の根拠となる質量 M と、α_M の根拠となる質量 m_S となり、これらに加えて観測者S（自我）が v_0 の観点から――より正確には v_0 の観点に仮託して――獲得する普遍的な万有引力の法則となる。が、しばらくは交互限定そのものと、現時点で到達した交互限定を成り立たせる「何か」との関係について検討しなければならない。また、交互限定には作用性と実体性の二様式がすでに認められているので、それぞれについて議論することになる。

第2節　天界の力学的解明と間接的定立

前節では、交互限定が成り立つためには、これを可能にする何かが観測者Sと物体Mのうちに配分されていなければならないことまでが分かった。このことによって、物体運動の力学的な理解は、ともかくもその進展を期待できたのである。以下ではまず、交互限定の一様式に当たる作用性を分析して、期待された理解の進展を図ることにしよう。

作用性の特徴と帰納・演繹

　作用性はどのような性格をもっているのだろうか。観測者Sの状況は $[x, -(|\alpha|-x)]$ と定式化され、物体Mの状況は $[|\alpha|-x, -x]$ と定式化された。作用性の特性はこのように、性質が反対で互いに対立する2項の対で成り立っている。観測者Sの状況 $[x, -(|\alpha|-x)]$ の第一項 x は、観測事実 α を説明するための、積極的かつ能動的な運動成分である。これに対して、第二項 $-(|\alpha|-x)$ は、x では説明しきれない不足分に相当し、負の能動として性格づけられる、消極的で受動的な補完成分になっている。同様に、物体Mの状況 $[|\alpha|-x, -x]$ についてもまた、これを構成する2項は質的に対立している。こうした対立が解消されるのは、たとえば観測者Sの状況でいうと、x が0になる——観測者Sが受動一辺倒になる——か、あるいは x が $|\alpha|$ になる——観測者Sが観測事実 α を全面的につくりだす——といった、極限的な場合にかぎられている。換言すると、観測者Sは一方の項が消え去ることで他方の項が生じるような、いわば二極対立の形式で知性を働かせながら、この作用性に従った認識に従事しているのである。

　フィヒテは、作用性に認められる以上のような形式を「消失による生起 ein Entstehen durch ein Vergehen」と呼ぶ（329）。かれはまた、x と $-(|\alpha|-x)$、および $|\alpha|-x$ と $-x$ のような対に着目し、作用性の形式に入るこの種の2項を「本質上の反立 wesentliches Entgegenseyn」（ibid.）という用語で性格づけている。互いに相容れない2つの本質が想定され、その一方をもつ項の消失によってのみ他方の項が生起する、そうした「相互に排他的な本質の対」を、フィヒテはここで考えているのである。作用性にはこのように、消失による生起という二極対立の性格をもつ形式と、相互に排他的な2項（質料：質量との違いに注意！）を限定する本質の対が認められる。では、両者のうち、いずれが根拠となって作用性を成立させるのであろうか。フィヒテはこのように問題を立て、検討している（328-331）。以下ではこの問題を探るために、観測者Sと物体Mの関係という設定からしばらく離れ、まずは一般的に考えておくことにしよう。

まず初めに、作用性の形式がこれに入る2項の特性——相互に排他的な（互いに反立する）本質の対——をもたらすと考えることができる。一方が消失することで初めて他方が生起する。このように、相互に廃棄し合うような形式で捉えられるかぎりでのみ、2つの項は本質の上で反立しているといえる。この考え方に従うと、相互的な廃棄として捉えられる事例にもとづいて、互いに反立する本質を定めていくことができる。たとえば摩擦によっていつも温度の上昇が起こる事実などに、経験を通じて一つひとつあたることにより、力学的エネルギーと熱のような反立する本質の対が定められていく。これは帰納法に代表されるような考え方だともいえる。次にこれとは逆に、2項の特性をなす相互反立的な本質の対が、初めて「消失による生起」という形式を可能にする、という考え方も成り立つ。物体がもつ力学的エネルギーと熱のように、本質の上から反立する2性質を問題にするかぎりでのみ、一方が消失しないと他方が生起しないほどの相互廃棄が起こる。このように考えることも可能であろう。これは演繹的な考え方だともいえる。以上いずれの考え方も筋が通っており、それぞれ首尾一貫している。

　しかし、そもそも前者の帰納的な考え方は「消失による生起」そのものに根拠を与えられず、後者の演繹的な考え方は反立する本質を当初からそのものとして示すことができない。しばしば指摘されるように、帰納法は例外の可能性を排除できないため、作用性の形式が「必ず成り立つ」ことまでは証明しえないのである。新奇な事例に対しては、帰納によって暫定的に得られた概念から新たな知見を演繹的に推理し、その知見を適用することが必要となる。このように、前者の帰納的な考え方は、後者の演繹的な考え方に依存することで有効性をもつ。他方、後者の演繹的な考え方において「本質そのものを示す」ことができないというのは、たとえば力学的エネルギーや熱そのものは直接的に見ることも、触れることもできないということである。いずれも個別具体的な事例をもとに、つまり有限数の事例から帰納的に想定される概念にほかならず、またそのように想定された概念は、個別具体的な事例によって初めて検証される。したがって、後者の演繹的な考え方は、前者

の帰納的な考え方に依存してこそ有効性をもつ。このように、双方とも相手側の主張が成り立つことを前提にして初めて成り立つ関係になっている。

　本質の上で反立するもの同士（2つの項）は相互に廃棄し合い、相互に廃棄し合う2つの項は、同時にまた本質の上で反立している。これらは同じ1つの事柄の両側面でなければならない。しかし、なぜ両者が同一であるのかという問題は、あくまでも解明すべき課題として確認されるにすぎない。経験のなかで認められるのは、摩擦と温度の上昇から知られる熱のように、反立する2つのものごと（項）相互が直接的に影響し合うという事実だけである。しかし、反立した本質をもつ2項は、徹頭徹尾その本質からして分断されるとはいっても、互いにまったく関係しないわけではない。たとえば、摩擦と温度上昇、あるいはドライアイスと炭酸ガスのように、本質的に反立する2つの項は相互に「干渉 Eingreifen」(320) し合い、まさにそうした仕方で、初めて互いに反立しているのである（vgl. 322）。より正確にいえば、ドライアイス（固体）についての「知識」と炭酸ガス（気体）についての「知識」とが、適当な実験を行うことで判明するように、固体から気体へ、また気体から固体へといった状態変化のもとで相互に干渉し合い、また反立していることになる。なぜ現物相互ではなく、現物についての「知識」相互なのかということは、次節での検討で明らかになる。

落下しつづける月の運動性格

　さて、作用性に関してフィヒテが性格づけているような形式を探すと、たしかに2項のうちの一方が消失することを通じて他方が生起する現象は、物理現象だけに範囲を絞っても多く見られる。それはエネルギーの形態転換一般に当てはまる重要な現象の形式である。この形式に入る2項は、いずれも本質の上で反立していると考えてよいだろう。現代物理学でいうと、たとえば光（フォトン）と物質の相互作用など、素粒子論の成果を一瞥すれば、この現象の形式に注目したフィヒテは時代を先取りしていたともいえる。しかも、この形式のもつ重要性は、目下の問題関心となっている物体運動におい

ても、同様に認められるのである。たとえば、木から落ちるリンゴと同じように、月は地上にむかって落下してきていると理解される[4]。ところが、このように理解するためには、フィヒテが作用性の2項に付与した性格によらなければならない。実際、ニュートンの逸話として有名なこの月についての理解は、どのように成立するだろうか。月は地球の引力（重力）に引かれて落下すると同時に、落下の方向に対して、そのつど垂直な慣性運動をつづけるため、結果的に地球の周りを楕円運動しつづけることになる。これが月の運動に関する力学的な理解にほかならない。このような思考様式は、運動と引力、すなわち位置変化と力という2項が本質の上で反立するものとして、一旦は明確に区別されなければ成立しなかったはずである。

　作用性の2項が呈する本質上の反立という捉え方こそ、位置変化と力をいわば混然一体に捉えるアリストテレス・ペリパトス学派の理論や、近代力学の成立以前に高度な発展を遂げていたインペトゥス理論からさえ、ガリレオやニュートンの思考様式を截然と分ける決定的な分岐点であった。というのも、インペトゥス理論は運動が持続する現象を物体にこめられた力のようなものから理解する点で、物体の運動方向と力の働く方向とが混然一体となるほかなく、純粋な「慣性」という理解には、まったく至っていないからである[5]。この慣性という理解は、こちら向きに力が働いていながらも「結果的には落ちてこない月」というニュートンの見方に反映されているように、運動（位置変化の方向）と力（引力が働いている方向）とが一旦は完全に切り離されることで初めて成立した。本質上の反立という見方は、物体運動の力学的な理解においても、決定的な意味をもっていたのである。近代力学の画期性はこのように、力と運動とを完全に切り離し——両者が本質の上で互いに反立するとし——ながら、それでもなお、運動（結果）をもたらす力（原因）という理解の仕方（作用性）を維持したところにあるといってよいだろう。

　しかし、本質上の反立はそれでよいとしても、運動（対象の位置変化）と力とが互いに「消失による生起」という、作用性の形式で関係していると一概に特性づけられるであろうか。周知のように、力が働く方向にのみ位置変

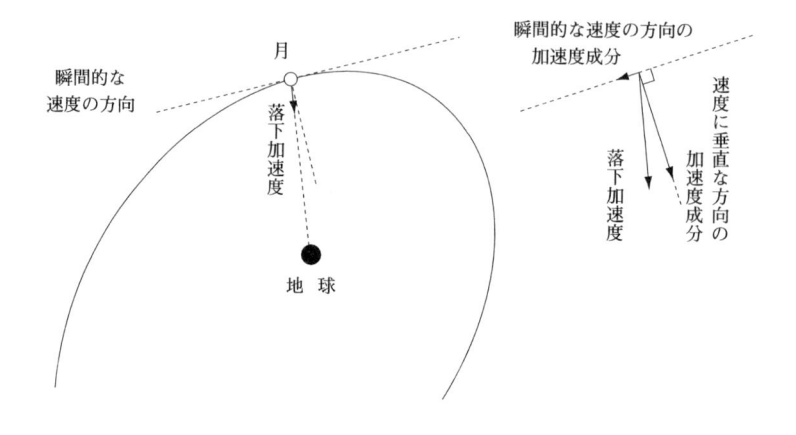

化が起こっている状態も、加速度直線運動という位置変化の一種とされる。この場合は、力と位置変化がともに消失することなく同居している、と考えることもできる。月の楕円運動においてもまた、地球方向への瞬間的な位置変化（落下運動）を考えると、軌道上の各点で、落下加速度の一成分が瞬間的な速度の方向（またはその逆方向）に寄与している。しかも現段階の理解では、力、質量、および加速度の相互関係、万有引力の法則はまだ突き止められていない。とはいえ、落下運動と、観測される運動とが、本質のうえで完全に分断されることを前提すれば、月のように落ちてはこない物体の運動でも、その加速度に着目するかぎりにおいて、現に落ちてくるリンゴの運動と同様に理解することが可能になる。そして、観測者Ｓと物体Ｍに見られる $[x, -(|\alpha|-x)]$ および $[|\alpha|-x, -x]$ といった表記法を採用して前節から検討しているのは、まさにこの種の加速度に当てはまるものであった。

リンゴの落下と月の落下

　以上から、落下加速度の成分がどのような運動方向に寄与するかという複雑な問題を先延ばしにしても、地上で観察される運動と天界に観測される月の運動は、落下加速度に関するかぎり同等に扱えるようになった。ここで、

物体
$-g$

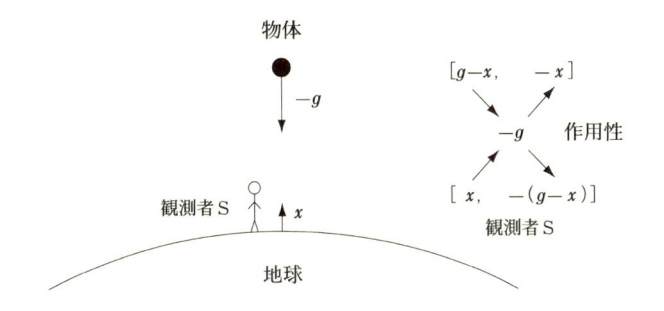

観測者S $\uparrow x$
地球

$[g-x,\ -x]$
↘ ↙
$-g$ 作用性
↗ ↖
$[x,\ -(g-x)]$
観測者S

　観測者Sの身体として考えてきたものを、観測者が立つ大地（地球）に置き換え、また観測される物体Mを月に特定し、前者の加速度を x、そして後者の加速度を $-(|\alpha|-x)$ にそれぞれ対応させて検討することにしよう。この場合、α は大地で観測される——あるいは観測から算出される——月の加速度に相当する。

　ところで、観測者Sは地上での観察から、たとえば水上で1本のロープを互いに引き合う大小2艘の船が、それぞれの質量に応じた——質量に反比例した——加速度で運動する事実を知りうる。また、一方の船が他方に比べて格段に大きな質量をもつとき、ロープを引く力の大きさにかかわらず、その力は質量の小さい船を加速度運動させることだけに、ほぼ寄与することも確認されるだろう。他方、地上で観察される物体の落下運動を調べていくと、ガリレオがすでに主張していたように、落下する物体は——空気抵抗などの副次的な要因を除くかぎり——すべて一律の加速度 $-g$ を呈する。ここで船の例から類推すれば、地上付近で落下する諸物体には、それらに一律の加速度 $-g$ を与えるような力が作用していると考えられる。この類推では大質量の船が大地に対応するが、前者（大質量の船）についての経験的な事実が教えるように、大地は加速度0を保つことになる。上記の設定でいうと、これは $x=0$, $\alpha-x=\alpha=-g$ という場合に相当する。しかし、しばらくは近似を避けて慎重に、大地（地球）の加速度を x、地上付近で落下する諸物体について観測される加速度を $-g$ としておきたい。つまり、重力加速度 $-g$ を、

ここまでの議論で α がそうであったように、あくまでも各物体で観測される「見かけ上の」加速度と考える。そして、各物体には、観測者 S の受動成分 $-(g-x)$ に相関する能動成分 $g-x$ が帰されるものとする。常識的にはかえって奇妙な想定になるが、たとえばリンゴが落下する場合でも、大地のほうがリンゴにむかって運動する可能性を排除しないということである。では、このような設定で何が分かるだろうか。

まず、地上ではリンゴが落下しても、また鉄球や木球が落下しても、さらにはこれらが同時に落下する場合でも、すべて一律の加速度 $-g$ で運動する。このことから、それぞれの場合で x が変化するとは考えにくい。仮に変化があるとしても、きわめて微小な変化にすぎないと推測される。したがって地上付近では、大質量の船をもとに類推すると、各物体に帰される $g-x$ がまったくといってよいほど一定になっていると考えられる。なるほど、各物体ごとに x は異なり、自由落下に際しては観測事実 $-g$ が一律になるよう、あたかも各物体が互いに申し合わせたかのように運動している可能性は残る。そして、この可能性を完全に否定することはできない。これはすなわち、リンゴが 1 個だけ自由落下するときに大地がもつ加速度 x と、リンゴと鉄球の 2 つが同時に自由落下するときに大地がもつ加速度 x' とは異なっていながら、観測事実としてはいずれも $-g$ を呈するという可能性である。

厳密にいうと、x と x' が異なる可能性は、たしかに維持されなければならない。とはいえ、大質量の船をもとにした類推から、やはり x と x' の差はきわめて微小であり、すべての落下物体が地上付近で一定の加速度 $-g$ を呈する根拠は、圧倒的に大地（地球）の側にあるといえそうである。地球には物体をその中心方向に、しかも一律に加速度運動させる根拠（引力）が備わっている。このように想定するほうが自然だといえるだろう。ところが、仮にこの想定が正しいとすると、地球の引力は何らかの仕方で月まで及んでいる、といった推理もまた可能となる。まずはこの推理にむけて、観測される月の加速度——見かけ上の加速度——を、これまでどおり記号 α で表すことにしたい。さて、観測者 S の $[x, -(|\alpha|-x)]$ は上述の推理によっ

て理解を前進させることができるだろうか。

　しかしながら、以上の試みには一つの仮説が必要となる。というのも、地球側に想定された落下加速度の根拠（引力）が、地上付近と同じ大きさで月にまで影響を及ぼすかどうかは不明であり、遠方になるほどその強度は減少するかもしれないからである。そこで、引力が音や光と同様、球面波のように伝わると考え、その強度は距離の自乗に反比例して減少するという仮説を立てることにしよう。実際この仮説は、地球の中心から等距離にある地上付近の物体が、すべて一律の加速度 g の大きさで落下する事実とも合致する。また、ガリレオ以来、地上付近の物体に働く重力 F は、その物体の質量 m に比例し、

$$F = -mg$$

となることが知られている。これが地球引力の地上付近における現れだとすると、地球引力の大きさ f_T は、以上より、地球中心から距離 r の自乗に反比例し、それが作用する物体の質量 m に比例することになる。したがって、地球引力の大きさは、

$$f_\mathrm{T}(m, r) = -\gamma \frac{m}{r^2} \quad (\gamma は地球に固有の定数)$$

のように、m と r の関数で表される。ところで、月を観測する観測者 S の状況 $[x, -(|\alpha|-x)]$ において、第二項の $-(|\alpha|-x)$ は、S 自身の能動的な運動 x からは説明できない不足分であった。それはまた、S が観測事実に関して自らの能動には帰属しない運動成分として、ただ受動的に受け容れざるをえない分量である。ところが、この未知なる第二項は観測者 S が立つ地球の引力と関係づけられたのである。本節の冒頭でも再確認したように、交互限定が成り立つためには、これを可能にする何かが観測者 S と物体 M ——ここでは地球（大地）と月——それぞれに、適切な仕方で配分されなければならない。そして現段階で確認されたように、作用性の交互限定において、その質料となる第二項 $-(|\alpha|-x)$ を可能にする何か、すなわち引力 f_T が観測者 S（地球）に配分されたことになる。観測者 S に受動を余儀なくさ

物体

f_T

月 f_T

観測者S

地球

$-(|\alpha|-x)$の根拠：f_T

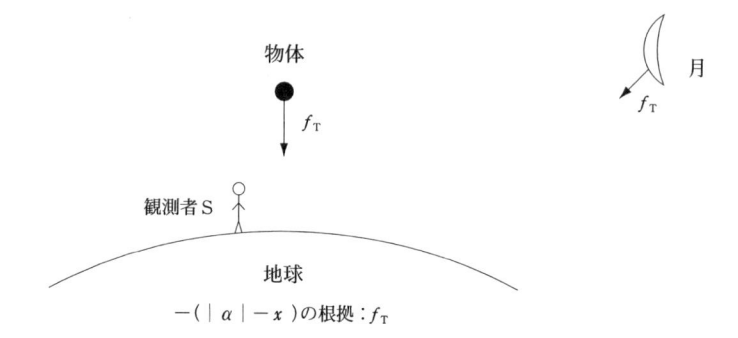

せていた項 $-(|\alpha|-x)$ は、未知なる観測対象の側ではなく、観測者S自身が立つ大地の側に根拠をもっていた、と言い換えてもよいだろう。

視点の移行と根拠の相互配分

次に、もしも観測者Sが月面上に立って、今度は地球の呈する加速度を理解しようとした場合はどうなるか考えてみよう。この場合、観測者Sの状況は、すでに検討したように $[|\alpha|-x, -x]$ で表されることになる。月面上のSはこのとき、$|\alpha|-x$ の加速度で自ら能動的に運動しており、観測事実 α のうち、この能動に帰属しえない不足分 $-x$ を受動的に受け容れている。すなわち、月面上の観測者Sは、月とともに負の加速度 $-x$ を呈してい

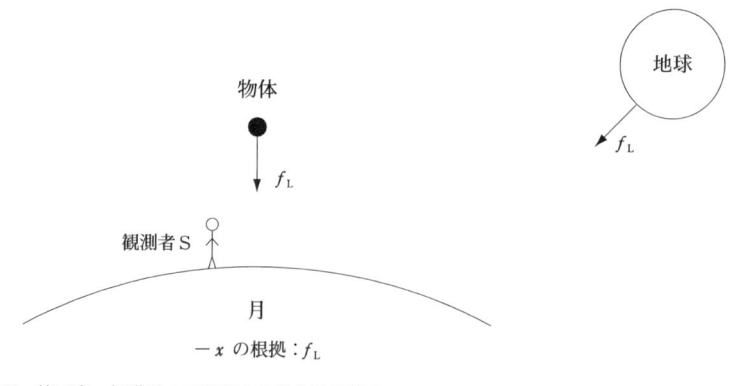

物体

f_L

地球 f_L

観測者S

月

$-x$ の根拠：f_L

るのである。しかし観測者Ｓは月面上での観察から、月面付近の物体がすべて一律の加速度で落下し、いずれも月中心にむかうことを確認できるだろう。このことから、地球上での想定と同じ仕方で、月引力 f_L が定式化される。すなわち、質量 m が月中心から距離 r の位置にあるとき、この m に働く月の引力 f_L は、

$$f_\mathrm{L}(m, r) = -\mu \frac{m}{r^2} \quad (\mu \text{ は月に固有の定数})$$

となる。そして、これが地球にまで及んでいると推理することも可能である。かくして、未知なる第二項 $-x$ は、観測者Ｓが立つ月の引力と関係づけられ、作用性の交互限定において、その質料となる第二項 $-x$ を可能にする何か、すなわち f_L がここでは当初の観測対象であった月に配分されたことになる。改めてこれを、大地に立つ観測者Ｓの状況 $[x, -(|\alpha|-x)]$ から捉え返すと、Ｓ自身の能動的な加速度成分とされていた第一項 x は、自らが立つ大地の側ではなく、未知なる観測対象、すなわち月の側に根拠をもっていたのである。

　事柄が入り組んできたので、ひとまず以上で確認されたことを、いくつかの論点にまとめておこう。大地に立つ観測者Ｓの状況 $[x, -(|\alpha|-x)]$ は、その質料になっている第一項と第二項とのあいだで、前者が能動的な加速度成分、後者が受動的な加速度成分であることから、本質からして相互に反立する――質的に相互廃棄する――対をなしている。また、両項の量的な関係に着目すると、一方が消失することで他方が生起し、量 α が保存される形式になっている。これらはまさに、フィヒテの「作用性」がもつ質料と形式の特性にほかならない。そして、未知なる月が終始徹底して不可知にとどまるのではなく、その認識が進展する余地をもつためには、観測者Ｓの状況に相関して、観測対象としての月が $[|\alpha|-x, -x]$ という状況で想定されなければならなかった。ここで、大地に立って $[x, -(|\alpha|-x)]$ の状況にある観測者Ｓが、受動を余儀なくされている第二項の加速度成分、すなわち $-(|\alpha|-x)$ を経験的に調べていくと、その根拠はほかならぬ大地の側に

あることが判明した。他方、これと同じ考え方で、観測者Sが当初は観測対象であった月に視点を移し、今度は $[|\alpha|-x, -x]$ の状況下で大地（地球）の側を観測対象として追究すると、受動的な第二項 $-x$ は月に根拠をもつことが判明したのである。これに加えて、観測者Sが再び大地に視点をもどすと、当初 $[x, -(|\alpha|-x)]$ の能動的な加速度成分と考えられていた第一項 x は、大地の加速度でありながら、実は観測対象としての月にその根拠をもつことが改めて確認される。

　ここでは、しかし、重要な論点をさらに強調しておかなければならない。経験的な事実にそくして加速度の根拠を探るプロセスは、観測者Sが大地の視点でこれを行うかぎり現実的なものにほかならず、この視点から個別具体的な事物を扱って獲得される知識は、実在的なものであるといってよいだろう。これに対し、観測者Sが月面上に視点を移行させて試みる思考実験は、大地で得られる知見を、大胆にも月面上で初めて開けるような、未経験の世界にまで拡大適用する点からして、当然のことながら実在的なものではありえない。そこから獲得される知見もまた、想像力に依存した観念的なものである。しかも、地球上の実在的な状況 $[x, -(|\alpha|-x)]$ と月面上に想定される観念的な状況 $[|\alpha|-x, -x]$ とを比較すると、質的にも量的にも一方が他方の反転した姿になっている。双方とも、いわば互いに他方の鏡像であるかのような、一種独特の関係に立っているのである。月面上の視点から地球の加速度を理解しなおすということは、比喩的にいうと、鏡に映った自分の像に視点を移し、そこから現物の自分自身を改めて理解しなおすような試みだともいえる。こうした特異な試行は、どのように正当化されるのだろうか。現段階でこの点が問題になってもおかしくはない。しかし、この基本的な問題は、しばらく棚上げにしておきたい。というのも、ここで確認した視点の移行と回帰を通じて、地球と月をめぐる力学的理解は格段に進展することになるからである。

引力に由来する加速度の定式化

　視点の移行と回帰によって、すでに $f_T(m, r)$ と $f_L(m, r)$ が定式化されている。しかし、前者が x の根拠として、また後者が $a-x$ の根拠として想定されただけで、まだ $f_T(m, r)$ と $f_L(m, r)$ との関係については考えられていない。x もまた、見てのとおり未知数である。現在であればともかく、ニュートンの時代やフィヒテの時代において、$f_T(m, r)$ の有効性は地上付近という限られた状況下で検証されるほかなかったはずである。$f_L(m, r)$ については、ことによると月面上に思い描かれた、単なる空想の産物でしかないかもしれない。少なくとも、そのように疑われても不思議ではなかったろう。とはいえ、以上の定式化によって、大きな可能性が開かれたことも否定できない。では、その可能性はどのように実を結ぶだろうか。

　まず、観測者Ｓは地上で観察される力学的な諸現象をモデルにしながら、宇宙空間で起こっていることを類推できる。たとえば、何度か言及したロープで引き合う2艘の船が、いずれも同じ大きさの力で互いに引かれるという普遍的な事実をもとに、地球と月のあいだでも同様の関係が成り立っているのではないかと推理したとしよう。なるほど、地球と月はロープに対応するような何かで結びつけられているわけではない。しかし、その種の仲介物なしに、引力が遠隔的に働くとも考えられる。そして、遠隔的な働きにおいても、2艘の船と同様の力学的な関係——第三法則とも呼ばれる作用反作用の法則——が成り立つかもしれない。これが仮に成り立つとすれば、地球中心から月中心までの距離を R とし、地球の質量を M_T で、また月の質量を M_L で表して、f_T と f_L の大きさ（絶対値）を考えると、

$$f_T(M_L, R) = f_L(M_T, R)$$

すなわち

$$\gamma \frac{M_L}{R^2} = \mu \frac{M_T}{R^2}$$

となり、これを変形すると

$$\frac{\gamma}{M_\mathrm{T}} = \frac{\mu}{M_\mathrm{L}} = G \qquad (普遍定数)$$

のように、地球に固有の定数 γ を地球の質量 M_T で割ったものと、月に固有の定数 μ を月の質量 M_L で割ったものとが互いに等しいことになる。そこでこの等しい値を上記のように G で表せば、

$$\gamma = GM_\mathrm{T}$$
$$\mu = GM_\mathrm{L}$$

となるので、f_T と f_L は普遍定数 G を用いて、それぞれの向きを考慮すると、

$$\begin{cases} f_\mathrm{T}(M_\mathrm{L},\ R) = -G\dfrac{M_\mathrm{T}}{R^2}M_\mathrm{L} \\[2mm] f_\mathrm{L}(M_\mathrm{T},\ R) = G\dfrac{M_\mathrm{L}}{R^2}M_\mathrm{T} \end{cases}$$

といった式で表され、よく知られた万有引力の法則を、地球と月の関係に適用したものになっている。しかし、引力が質量だけに由来するのかどうかということまでを、ここで確定する必要はない。現段階では、すでに設定した地球の加速度 x と月の加速度 $a-x$ にどのような根拠を求めるか、という問題に着目したいので、以下では $f_\mathrm{T}(m,\ r)$ と $f_\mathrm{L}(m,\ r)$ をそのまま用いることにしよう。

これらの式は m, r がどのような値（m は正の値）でも成り立つことになっていた。そこで改めて、経験的に確認できる運動法則

$$m\frac{d^2r}{dt^2} = f$$

を適用すると、地球の引力 f_T が距離 r の位置にある質量 m の物体に働くとき、

$$m\frac{d^2r}{dt^2} = f_\mathrm{T}(m,\ r)$$

$$m\frac{d^2r}{dt^2} = -\frac{m\gamma}{r^2} \qquad (\gamma は地球に固有の定数)$$

$$\frac{d^2r}{dt^2} = -\frac{\gamma}{r^2}$$

が成り立つ。したがって、地球中心から距離 r の位置にある物体は、地球の引力により、質量によらず定数 γ と距離 r だけで決まる加速度をもつ[6]。そこで、地球の引力によるこの加速度を、r だけが変数となる

$$\langle \to \mathrm{T} \rangle \alpha(r) = -\frac{\gamma}{r^2}$$

で表すことにしよう。ここで記号 $\langle \to \mathrm{T} \rangle$ は「地球中心にむかう」ということを表すものとする。同様にまた、

$$m\frac{d^2r}{dt^2} = f_\mathrm{L}(m, r)$$

から、記号 $\langle \to \mathrm{L} \rangle$ が「月中心にむかう」ということを表すものとして、月の引力を根拠とする加速度は

$$\langle \to \mathrm{L} \rangle \alpha(r) = \frac{\mu}{r^2}$$

のように表現される。しかし以上は、たとえば「遠隔作用して運動法則に従う引力」といった、いくつかの仮説にもとづいているため、なんらかの検証が求められるところである。

落下する大地と潮汐現象

　検証の方向性としては、経験的に確認できるような、しかも具体性のある問題を選ぶことが望ましい。そしてニュートンは、かつてガリレオやケプラーが不成功に終わった、海の満ち引きをめぐる問題を一つの決戦場に選んでいる。ここで、あえて誤った推理を示しておくと（次頁の図参照）、月の引力によって月に面した A 側の海水面が盛り上がるため、この A 付近が満潮になる一方、その反対側の B 付近は干潮になるとも考えられる。しかし、この場合には、地球が自転するのに伴って満干は各 1 回になり、1 日に潮の満干が 2 回あるという事実と合致しない。この考え方では、実は海水だけが月

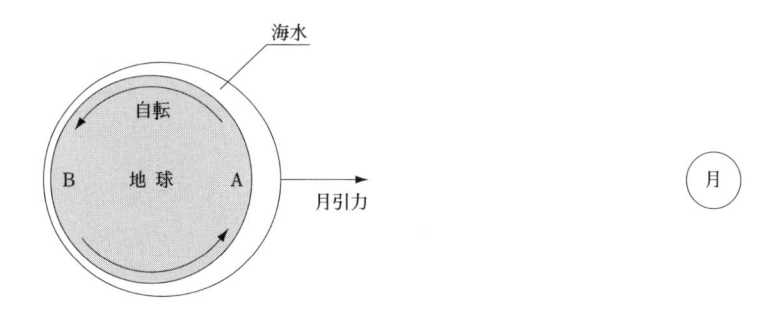

図中ラベル: 海水／自転／地球／B／A／月引力／月

の引力を受け、地球そのものは月の引力を受けないことになっている。作用性の交互限定に従うと、これは改められなければならない。そこで、前段で定式化した２つの加速度 $\langle\to\mathrm{T}\rangle\alpha(r)$ と $\langle\to\mathrm{L}\rangle\alpha(r)$ をもとに考えてみよう。

　以下では、潮の満干を力学的に理解するために、月の引力と地球の引力が特定の位置でどのような加速度を生み出すかを考えることにする。というのも、すでに示したように、それぞれの引力が生み出す加速度は距離だけで決まるため、扱いがきわめて容易になるからである。しかも、加速度は単位質量あたりに働く力と等しいので、これによって引力のこともまた即座にイメージできる。そこでまず、従来どおり地球と月のあいだの距離 R を用いて、地球の加速度がどのように決まるのかを式で表すことにしよう。月の引力により、地球は

$$\langle\to\mathrm{L}\rangle\alpha(R)=\frac{\mu}{R^2}$$

の加速度で月の方向に落下していることがわかる。これは異様な理解に違いないが、実際にニュートンがマイモン＝フィヒテ的なプロセスで考えていたとすれば、かれがリンゴの落下を見たときに、月も落ちてきていることに着目したという逸話はかなり的を外していることになる。そうではなく、ニュートンはそのとき、大地が月にむかって落下していると考えた。天才の着想とはいえ、常識的な観点からすると、ほとんど究極の異様さだともいえる。

　天才の着想についてはともかく、さらに地球の半径 r_T を用いて、月の引

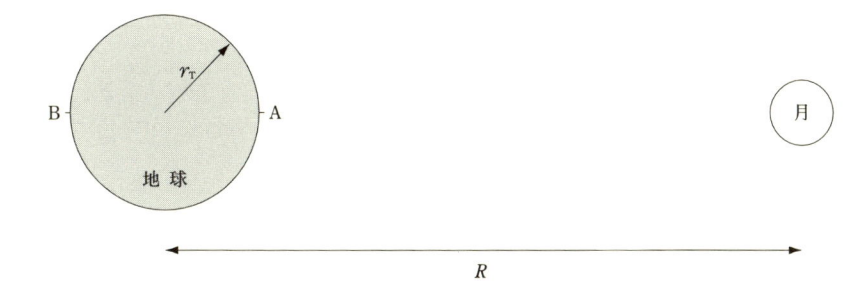

力によってA点の質量に生ずる加速度を計算すると、

$$\langle \to L \rangle \alpha(R-r_T) = \frac{\mu}{(R-r_T)^2} \fallingdotseq \frac{\mu}{R^2} + 2\frac{r_T \mu}{R^3}$$

となる。全体として運動する固体地球と、液体であるため月引力を受けて流動する海水とでは事情が異なるため、以上からA点付近では海水が

$$\Delta \alpha_A = \langle \to L \rangle \alpha(R-r_T) - \langle \to L \rangle \alpha(R) \fallingdotseq 2\frac{r_T \mu}{R^3}$$

だけ固体地球の表面よりも大きな加速度で、月の方向へと落下しつづけていることになる。しかし、地球上では中心にむかう非常に大きな

$$\langle \to T \rangle \alpha(r_T) = -\frac{\gamma}{r_T^2} = -g$$

という加速度が加わるため、A点に立った観測者Sにとっては、単位質量あたり、g よりも $\Delta \alpha_A$ だけ重力（引力）の大きさが減少しているにすぎない。

同様に、月の引力によるB点の加速度を計算すると、

$$\langle \to L \rangle \alpha(R+r_T) = \frac{\mu}{(R-r_T)^2} \fallingdotseq \frac{\mu}{R^2} - 2\frac{r_T \mu}{R^3}$$

となり、B点の質量に生ずる加速度は、固体地球のそれ（μ/R^2）と比べて

$$\Delta \alpha_B \fallingdotseq 2\frac{r_T \mu}{R^3}$$

だけ、今度は小さくなっている。したがって、この付近の海水は固体地球よ

第2節　天界の力学的解明と間接的定立　143

　　　　　　　Ｂ　地球　Ａ　　　　　　　　　　　　　　　月

り $\mathit{\Delta}\alpha_\mathrm{B}$ だけ小さな加速度で、月方向に落下しつづけていることが分かる。しかしながらこの場合も、Ｂ点に立った観測者Ｓにとっては、単位質量あたり、g よりも $\mathit{\Delta}\alpha_\mathrm{B}$ だけ重力（引力）の大きさが減少しているにすぎない。とはいえ、この力学的な推理がもたらす成果は、きわめて重大なものである。

　Ａ点付近とＢ点付近で、地球中心にむかう重力（引力）が他よりも小さいという結論から、潮汐現象の理論的な概念図は、先程の誤った説明図と比べて決定的に異なってくる。１日に２回の満干という点が理論的に導かれるのはもとより、たとえば同様の方法で太陽の引力が潮汐に与える効果も算出される。これによって、月と太陽の位置関係で起こる大潮（満月のときと新月のとき）と小潮（半月のとき）を理論的に比較し、潮の高さの差を比で算出すれば、これを事実と照らし合わせることも可能になるなど、理論を検証する余地は格段に拡大することになる。そしてすでに提示しておいた問題、すなわち、作用性における視点の移行と回帰——地球上の実在的な状況と月面上に想定される観念的な状況の往還——という問題にも、一定の見通しがつくのではないかと思われる。

加速度の根拠と間接的定立の法則

　しばらくのあいだ、加速度 $\langle\rightarrow\mathrm{T}\rangle\alpha(r)$ と加速度 $\langle\rightarrow\mathrm{L}\rangle\alpha(r)$ の式をもとに検討を行ってきたが、いずれによっても加速度の根拠が想定されていた。そして、前者ではその根拠が地球に帰され、後者ではその根拠が月に帰された。しかしながらこれらの根拠は、そのものとして、いったいどのような理論的性格をもっているのだろうか。マイモンを扱った第二章の第３節でも論

及したのと同様に、r の自乗に反比例する加速度を表した両式とも、$r=0$ の中心に近づくと無限大（±∞）に発散する。にもかかわらず、周囲の質量はすべてこの特異な中心点にむかって、そこからの距離に応じた加速度をもつとされているのである。そして実際に地上の物体も天界の物体も、引力中心の近傍では、まさしく"そうなるかのように"加速度運動する。このように、根拠そのものとの関係で加速度運動を理解しようとすると、不条理な根拠に支えられた力学的な世界像が、あたかも幻想であるかのような様相を呈するのである。

　しかしながら、ここで検討した引力中心のような根拠は、むしろ経験的に認識される諸法則をもとにして二次的に想定された理論上の仮構にすぎないと考えれば、即座に問題は解消される。実際、潮汐現象の力学的な解明がそうであったように、われわれは根拠そのものに支えを求めることなく、知識を理論的に拡張し、次第に深めていく。そのとき、われわれが依拠しているのは、上記のような不可解な根拠ではなかった。実際には、地球上の実在的な状況と月面上に想定される観念的な状況を、相互に往還しつつ知識が深められたのである。潮汐現象の解明においても、観測者 S は大地の落下を認める、いわば宇宙的な視点に立つだけではなく、再び大地の視点へ回帰することで理論化を進めていた。そして、このような視点の往還は、本節の初めに検討した作用性に即してなされていたのである。

　作用性では、観測者 S の $[x, -(|\alpha|-x)]$ と未知なる観測対象の $[|\alpha|-x, -x]$ という定式が表現しているように、一方が消失する分だけ他方が生起する、相互廃棄的な 2 項の対であった。しかも、そうした対が鏡像関係にあるかのように反転した組み合わせと配置をとって、2 対はそれぞれ成り立っている。地球と月のあいだに見られた加速度の配分は、まさにそうなっていたわけだが、加速度の根拠（引力）をそれぞれに配分するときにもまた、この作用性に準拠した手続きがとられていたのである。しかし、作用性の設定は、いかにして可能であるのだろうか。

　加速度にしても、その根拠にしても、α や $-g$ といった経験的な事実に直

面して、観測者Ｓは一定の仕方で応じていた。すなわち、観測者Ｓは α や $-g$ のうちの一部分だけを自らに帰している。と同時にまた、その残余は自らに帰さず、自らに帰さない分にかぎって、未解明な対象の側に帰していた。しかもＳは、対象の側に帰されない分だけを、そっくり自らに帰している。このように、観測者Ｓは取りこぼしのない配分で知性を働かせていたのである。これによって初めて、作用性に準拠した知識の進展は開始され、しかも常に促される。そして、フィヒテはこうした知性の働き方を「間接的定立 mittelbares Setzen」（331）と命名している。ニュートンが月運動のうちに落下加速度を発見し、大地の落下を着想するに至って潮汐現象の力学的な解明に成果を収めたのは、フィヒテ流に理解すると、間接的定立の法則に従ったことによる。

落ちてこない月と落ちていかない大地

　間接的定立の法則に従う知性の働きは、観測者Ｓの視点を作用性に沿って導き、視点の往還による経験的な知識の拡張に道を開いていた。しかし、当初の設定からも分かるように、その拡張は物体の運動方向と外力による加速度とが、明確に分断されることで可能になったのである。たしかにこの分断は、作用性の検討を通じて認められた、帰納と演繹の総合的な手続きによって次第に成し遂げられるともいえる。たとえば、ガリレオが行ったとされる斜面での落下実験や、今日の理科教育でも扱われる投射体の実験などを考えると、外力が働く方向の運動成分とそれが働かない方向の運動成分との質的・量的な区別は、すでに検討した作用性の質料・形式に導かれることで、すぐにでも達成されそうな印象すらある。そこには、しかし、現時点まで等閑に付していた困難が横たわっているのである。一般的に表現すると、かなり奇妙な響きをもってしまうが、質的に反立するものが混然一体の状態から相互に区別されるためには、区別できないことを前提にして区別し、逆に区別できることを前提にしつつ区別しないといった、矛盾めいた考え方をしなければならない。この点は実のところ、ここまで扱ってきた月の運動におい

て、非常に顕著なかたちで現れていたのである。

　観測事実からすると月は落ちてこない。月は円に近い軌道をとって大地の周囲を常にめぐっている。にもかかわらず、月は加速度的な運動で落下してきていると理解できなければ、万有引力の定式化も潮汐現象の力学的な解明も不可能であった。しかも、潮汐現象の力学的な扱いがそうであったように、海水は月にむかって常に落下しつづけていなければならない。それだけではなく、大地から月までの距離も、海水から月までの距離も、ほぼ一定に保たれていなければならなかったのである。この点からすると、月の落下や海水の落下は、リンゴの落下とは異なっている。そして、これほどリンゴの落下と異なる何かを仮に「落下」と呼んだとしても、われわれにはその意味を同様に理解する術がないのである。しかしその一方で、両者はまったく同じ落下運動でなければならない。そうでなければ、潮汐現象の解明どころか月の運動についてさえ、力学的な理解は進まなかったはずである。念のために確認しておくと、ここでは微積分のような道具立てを採用する段階と比べて、はるかに基本的で初歩的な考え方を問題にしている。では、このような問題場面で、間接的定立の法則に従う作用性が効力を発揮してくれるだろうか。

　作用性では、互いに反立し合う２つの性質が、観測者（自我）に帰される分量だけ未知なる観測対象（非我）には帰されず、前者に帰されない分量だけ後者に帰される、ということが基本であった。ところが、観測事実をもとにこれを月にあてはめようとすると、奇妙なことになってしまう。たとえば、観測者が観測事実を前にして、月が落ちてこないことに未知性を感じたとしよう。この場合、いうまでもなく観測事実 a はゼロである。観測者 S はしたがって、単なるゼロを "能動的に（?）" つくりだすような x を、自らに帰さなければならず、同時にまた、その "不足分（?）" を月に帰さなければならない。しかし、当然のことながら、ゼロを能動的につくりだすということは、比喩としてさえ、まったくの不条理ではなかろうか。月は常に大地の観測者からほぼ R の距離に「留まっている」のであり、けっして落ちてはこない。ただそれだけである。

他方、リンゴの落下を未知なる観測事実としてうけとった場合には、a はゼロでなく $-g$ となる。したがって、本節での検討においても暗黙の了解となっていたように、観測者Ｓの $[x, -(g-x)]$ という、作用性にそくした定式化が実際になされうる。とはいえ、この第一項 x は観測者が観測対象にむかう加速度であり、第二項 $-(g-x)$ は逆に観測対象が観測者にむかってくる加速度である。それゆえ、少なくとも $0<x<g$ の範囲において、観測対象が次第に迫ってくるという、まさにこの意味での「落下」が問題にされているのである。以上のように、月の運動とリンゴの落下運動とは、徹頭徹尾といえるほど区別されざるをえない。にもかかわらず、力学的には両者が区別されてはならず、一律に理解できなければならないのである。しかも、この点については、月にむかって落下する大地という想定においても、まったく同じ事情になっている。大地は月面上に立つ観測者からほぼ R の距離に「留まっている」のであり、けっして落ちてはこない。にもかかわらず、大地の運動とリンゴの落下とは、互いに区別されてはならないのである。

　しかしながら、ここで提起した問題は、物体の運動を慣性運動の成分と加速度運動の成分に分けて考えることによって、容易に解消するといった意見があるかもしれない。実は本節でも、このような考え方にしたがって、加速度運動の成分だけに着目する議論を行っていた。月は地球の引力によって落下すると同時に、落下の方向に対してそのつど垂直な慣性運動をつづけるため、結果的に地球の周りを楕円運動しつづけることになる。本節では、当初からこのように整理して議論が開始された。これによって初めて、引力の定式化や潮汐現象の力学的な扱いができたのである。しかし、月の運動に関するこのような理解は、作用性を呈して働く知性の間接的定立によってもたらされるというよりも、むしろ知性がそのように働きを開始するための前提になっている。この点はしかも、力学による理論化が進んだ段階においてさえ、基本的にはまったく同様である。

作用性による理解の限界

　月の運動は、その加速度成分に関するかぎり、落下するリンゴのそれから本質的には区別できない。しかし、月が大地の周囲をめぐりつづけているのに対し、リンゴは落下してくるという事実から、月の加速度と落下するリンゴの加速度とは、互いに区別されなければならないのである。大地の運動についてもまた、その加速度成分は本質的に、落下するリンゴのそれから区別できない。にもかかわらず、月から見て大地（地球）が上空に留まっている事実から、大地の加速度とリンゴの落下とは、互いに区別されなければならないのである。奇妙な事態ではあるが、ようするに月の加速度も大地の加速度も、リンゴの落下加速度と「同じであると同時に同じでない」ということになる。ここから、月は落下（加速度運動）していると同時にしていないことになり、大地もまた落下（加速度運動）していると同時にしていないことになる。たしかに、力学的な理解を進めると、落下の方向に対してそのつど垂直な慣性運動が合わさって、月は結果的に地球の周りを楕円運動しつづけることが分かる。とはいえ、この理解において、地球は静止していることになっている。あるいは、ここで前節の初めに確認した慣性運動 v_0 を用いるならば、地球は v_0 の状態にあることになっている。仮にその通りだとすると、大地の加速度はゼロでなければならない。

　実際にはしかし、地球と月を合わせた系の重心（質量中心）が理論的に定まり、この重心をめぐって両者とも楕円運動していると理解される[7]。これによって、地球も月も重心方向に加速度運動（落下）しつつ、そのつど慣性運動が合わさった運動をつづけるため、距離 R はほぼ一定——結果として落ちてこない状態——に保たれる。理論的にはこれで、加速度と「同じであると同時に同じでない」とか、落下「していると同時にしていない」などのような矛盾が回避される。こうした理解にフィヒテの構図を適用すると、観測者Ｓ（自我）の二重化された観点のうち、観点 v_0 は地球と月を合わせた系の重心（質量中心）と同じ運動状態にあり、残るもう一方の観点は、大地に立つ観測者Ｓ（可分的自我）の視点と月面上に立つ観測者Ｓ（可分的自我）の

視点を、作用性に導かれて往還しているということになりそうである。しかしながら、重心が理論的に定まることで、矛盾は本当に回避されたのであろうか。

　潮汐現象の力学的な解明で言及されたように、地球と月に加えて太陽についても考えると、地球と月を合わせた系の重心（質量中心）は慣性運動 v_0 の状態にはないことになる。この重心は地球・月とともに、時速10万キロメートルで、太陽の周りを公転しつづけている。その慣性方向の運動成分は、たしかに、v_0 の状態を保つうえで問題にならないかもしれない。しかし、地球と月を合わせた系の重心は、常に太陽の方向に加速度運動している、つまり落下しつづけているのである。このため、慣性運動 v_0 の観点は、理論上も厳密には定まっていなかったことになる。しかも、地球と月に太陽を加えた系の重心に、v_0 の観点を描きなおしたところで、今度は地球以外の諸惑星が問題になる。さらに、太陽系全体の質量中心に v_0 の観点を措いても、銀河中心との関係で考えると、この観点は厳密な慣性運動の状態にはなっていない。このため、さきほどの矛盾めいた事態は、いわば"全宇宙の質量中心（?）"が理論的に確定されるまで、完全には回避できないのである。ニュートン力学では、大地の視点、月面上の視点、地球と月を合わせた系の重心（質量中心）に想定される視点、等々の背景に、一切のパースペクティヴを超え、瞬時に宇宙全体を俯瞰する究極の観点が措かれる。そして、さまざまな視点に開ける相対的な時間・空間に対し、この究極的な観点のもとに絶対時空間が想定される、と解釈してもよいだろう[8]。

　しかし、上記のような究極の観点に立つ以前に、われわれはさまざまな観測事実を力学的に理解している。実のところこれは、引力の法則について考察したときに、引力中心という不可思議な"根拠（?）"にもとづくことなく、経験にそくした知識の進展が可能であったのと同様である。そしてこれが可能であるためには、われわれの知性が、たとえば月は落下「していると同時にしていない」といった事態にも応えうる仕方で、現に働いているのでなければならないのである。しかし、知性のこの働き方は、作用性のうちに表れ

ることはない。それは実体性のうちに表れる。実体性はもともと、作用性とともに働いているのであって、双方とも交互限定の特殊な現れにほかならないのだが、本節ではこの点を度外視して作用性だけを検討していたのである。そこで次節では、度外視しておいた実体性のほうを検討し、その検討から得られる成果を、現段階では未解明の問題に適用することになる。

第3節　関係の完全性と運動の成分分解

　まずは、フィヒテが実体性について、どのように論じているのかを確認しておこう。

　いかなる事柄をどのように理解する場合でも、われわれの知性の働きは、そのつど特定の側面に注意をむけている。そして、注意がむけられていない側面は、さしあたり注意から外されているといってよい。フィヒテはこのような知性の働き方を「放棄 Entäußern」（317）、あるいは「除外 Ausschließen」と呼んでいる。かれによると、実体性の形式は「特定の、充足された、そのかぎりで（その中に含まれたものの）総体を保持する除外」という仕方で成り立っている（340）。難解な性格づけであるが、ここで「特定の〔……〕総体」は、知性が特定の仕方で働くときに、その働き方に応じて知られる内容総体である。そして、知性はそのような内容総体を保持するように働き、保持される内容総体とは別の内容を除外するような仕方で働いている。これによって、現に行使されていない知性の働き方に対応する別の内容は、現に意識されている内容総体から「除外」されているのである。知性の側からすると、発動されずに留保された知性の働き方は、現に発動中の働きから除外され、行使されずに放棄されている。より単純化して表現するならば、知性は一挙かつ全面的に発動するのではなく、そのつど働き総体の一部分（特定の働き方）だけを行使し、他の部分（他の働き方）を行使しないで留保しているのである。

　フィヒテが「放棄」あるいは「除外」と呼んでいるのは、知性がそのつど

特定の仕方でのみ働き、現に行使されているのとは別の働き方を留保するといった、働き方の形式であると考えられる。

具体例による理解の準備

　実体性は以上のような形式で成り立つ。たしかに、まだ抽象的でかなり分かりにくい。また、なぜこれを「実体性」と呼ばなければならないのか、この点も気になるところである。すでに本章の第1節で予告したことだが、物体運動の力学的な理解が進展するときに、観測者S（自我）のうちに帰される——より正確には二重化された自我のうち第一原則の自我に帰される——|α|は、力学的にものごとを知る諸様式の総体に相当する。ここではより一般化して、知性が働くとき、第一原則の自我に帰されるのは、ものごとを知る諸様式の総体である。そして、特定の事柄を理解する場合であっても、知性はあらゆる観点から一点の曇りもなくそれを理解しようとするならば、自らの働き方を総動員しなければならない。フィヒテは、このような意味での「働き総体」を、本来的な意味での「実体」と考えている（vgl. 299f.）。このことから、上記のような働き総体の一部分（特定の働き方）は、この実体が部分的に発現した特定の「属性」として定位される。同時にまた、留保されて明確には現れていない残余に相当する、働き総体の他の部分（他の働き方）は、同じ実体——自我の働き総体——が留保している他の「属性」として理解されるのである。しかし、抽象的な議論なので、一つの具体例を用いて説明を補足しよう。

　次頁上の図を、まず全体として眺めると、子犬の顔が見えるのではなかろうか。ところが、各部分を細かく観察していくうちに、上部にある2本の曲線で表された何かをめぐって、3人の人物——左右に1人づつと右下で両腕を広げている1人——が驚いている様子に見えてくる（次頁下の図参照）。子犬の顔が見えているとき、そのように特定の仕方で知性が働いているのであり、この働き方に応じた「子犬の顔」が図の内容総体として立ち現れているのである。と同時に、同じこの図を3人の人物が驚いている様子と見るよう

な知性の働き方は放棄され、現に発動中の働きからは除外されている。実際、子犬の顔が見えているそのとき、3人の人物は消えているはずである。逆にまた、3人の人物が立ち現れると、子犬の顔は消失する。このときは、同じこの図を子犬の顔と見る知性の働き方が放棄され、その時点で発動中の働きから除外されているのである。フィヒテによると、こうした知性の働き方が実体性の形式である（342）。この形式のうちに入る2つの質料――「子犬の顔」と「3人の人物」という2つの内容――は、質料総体――図全体――から、相互に他方を除外し合う。これが実体性の形式であり、フィヒテは実体

性に即して働く知性を、このように特性づけている。

　いうまでもなく、上掲の図（前頁上図）は同じ一つの図であった。にもかかわらず、その同じ図がまったく異なった（互いに反立する）二様の姿を呈して見えたのである。反立する２つのものが、いわば同一の図に同居していた、とも考えられる。仮に知性の働きが互いに異なった仕方で発現するのでなければ、同一の図が二様の姿を呈して見えることは、けっしてありえないであろう。というのも、眼前に置かれた図は、あくまでも同じ一つの図にほかならないからである。たしかに、フィヒテ自身がこうした図をもとに議論しているわけではない。ここではあくまでも、フィヒテの抽象的な議論を具体的にイメージする目的で、図をもとにして考えている。しかし、以上の事実からも分かるように、かれは実体と属性、そして両者の関係を、事物のもつ特性として考える以前に、われわれの知性が働くパターン（働き方の形式）として特性づけている。そして、ここで問題にしているような働きのパターンを、フィヒテは実体と属性の関係、すなわち「実体性」と呼んでいるのである。通常は「実体性」というと、事物の側に想定されるため、これではまだ判然としないところがある。とはいえ、とりあえずはフィヒテの性格づけを、もう少し見ておくことにしよう。

　実体性の形式は以上のとおりとして、その形式に入る質料は「限定された範囲と無〔未〕限定な範囲との両者をその内に含む高次の範囲 höhern, beide, die bestimmte, und unbestimmte in sich fassende Sphäre」である（340）。子犬の図でいえば、これが子犬の顔として明確に限定され、そのように意識されているかぎりでの内容総体を、ここでは「限定された範囲」（特定の属性）と理解すればよいだろう。他方、子犬の顔がはっきりと見えているときに、まったく姿を現していない３人の人物が「無〔未〕限定な範囲」（他の属性）に相当する。そしてこの両者を内に含む、すなわち子犬の顔でありながらまったく別のもの——目下の例では３人の人物が驚いている様子——でもありうる点で、それ自体は両者の次元を超えた、しかも両者いずれをも含む内容総体が「高次の範囲」（実体）に対応する。ここからも分かるように、フィ

ヒテは事物の側に想定される〈実体-属性〉関係を、知性の働き方が反映したものとして理解しているのである。同じ図を前に、子犬の顔がはっきりと見えるとき、子犬の顔に関連して知性に備わった働き方（特定の属性）がそこに反映している。と同時に、知性に備わったそれ以外の働き方（他の属性）は除外され、図には反映していない。しかも、子犬の顔として図を見る働きとそれ以外の働きを含めて、知性の働き総体は第一原則の自我によって保持されている。そして、この総体が反映する何かが、図の側に——あるいは図の背後に——想定される「高次の範囲」（実体）にほかならない。

　以上のように、フィヒテの実体性は「除外」という形式と「高次の範囲」という質料からなる。厳密な性格づけは後にして、現時点では、子犬の顔でありながら、まったく別のものでもありうるような、その意味で知性の働きが完全には浸透しない未知なる範囲のことを、実体としてイメージしておけばよいだろう。われわれの知性は除外という仕方で働くことで、全体としては未知なる範囲の、ある特定の一側面だけを明確に限定して意識し、この限定によって初めてものごとを把握することができている。ほぼこの程度に理解しておいて差し支えない。そして、この理解をもとに、実体性が呈する特異な性格を検討しておこう。

実体性の反転性格

　すでに確認したように、図の見方によって、子犬の顔は驚く3人の人物へと変貌するのであった。ところで、この変貌はどのような仕方で起こるので

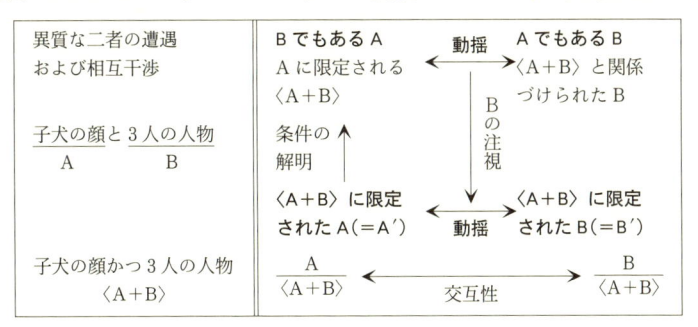

異質な二者の遭遇および相互干渉	BでもあるA Aに限定される 〈A+B〉	動揺　　AでもあるB ⟷　　〈A+B〉と関係 　　　づけられたB
子犬の顔と3人の人物 　A　　　　B	条件の↑ 解明	Bの注視 ↓
	〈A+B〉に限定 されたA（=A′）	動揺　　〈A+B〉に限定 ⟷　　されたB（=B′）
子犬の顔かつ3人の人物 〈A+B〉	$\dfrac{A}{\langle A+B \rangle}$ ⟵	⟶ $\dfrac{B}{\langle A+B \rangle}$
	交互性	

あろうか。以下では、子犬の顔を記号A、驚く3人の人物を記号B、そして両者いずれでもあるような何かを記号〈A＋B〉で表すことにしよう。上掲の図を前にしたとき、まず子犬の顔（A）が見えたとしよう。そして、よく眺めていると、どこかそれが3人の人物（B）であるような気がしてきたとする。この場合、われわれの知性は「BでもあるA」として図全体〈A＋B〉を理解するであろう。そして、3人の人物（B）のようにも見えるとはいえ、図全体〈A＋B〉は子犬の顔（A）に限定されていると考えるのではないか。とはいえ、子犬の顔かつ3人の人物〈A＋B〉などというものは、まったく理解不能である。このため、〈A＋B〉という"何か（？）"は、Aと比べて判然としないBに関係づけられて意識のうちに保持されるほかない。

ところが、Bが注視され、子犬の顔よりもむしろ3人の人物が判然とすると、図全体のうちに子犬の顔（A）を見る見方（知性の働き方）を特権化することに疑問が生じる。そして、もともと子犬の顔でも3人の人物でもある何か、すなわち〈A＋B〉が、見方に応じてAの姿を現すかBの姿を現すか異なってくる、と理解される。つまり、両者のいずれでもある不可解な〈A＋B〉が図の実体で、AもBも互いに異なった同等の属性であると理解されるのである。

しかし、AかBをもとにしなければ、不可解な〈A＋B〉はわれわれの知性を超えている。単独で考えようとすると、それはまったく意味不明で、理解不可能な"何か（？）"としか言いようがない。とはいえ、AとBのいずれにも不可解なところはなく、不可解なのは両者が同一の図に同居しているという「こと」だけである。無関係な両者は、いわば同一の図において遭遇し、互いに他方を排除しながら干渉し合っている。まさにこの「こと」が不可解なのである。そして、たとえば図のうちに1つのものが描かれていると考えれば、そこに子犬の顔（A）が浮かび上がり、複数のものが描かれていると考えれば、そこに3人の人物が浮かび上がる。このように、1つのものを見るか複数のものを見るかということで、図の見方が条件として明確化される。すると、図の不可解さは消滅する。AやBを超えて、しかもAでも

Bでもあるといった、矛盾に満ちた〈A＋B〉なる"もの（？）"を想定していたことが、実は不可解さの由来にほかならなかったのである。

すでに掲げた図の理解は、およそ以上のように跡づけることができるであろう。しかし、本章の目的は、あくまでもフィヒテの理論装置をニュートン力学に適用することであるから、ここでイメージ化した実体性の概念を、力学の場面に導入する準備が必要になってくる。

実体性の構図とその特性

さて、第1節で検討しておいた実体性の構図を、あらためて想起することが肝要である。未知なる対象の加速度 a をめぐって、すでに実体性の構図を示しておいた。それによると、観測者Sは"未知なる対象"としての物体Mといった想定に煩わされることなく、観測事実 a と自らの能動的な働きによって措かれた x だけで、知識を拡張する立場に立っている。比較のために作用性の場合を示しておくと、観測者Sは同じ観測事実 a に直面して $[x, -(|a|-x)]$ という状況に立つのであった。そして、未知なる M には、この状況を反転させた $[-x, |a|-x]$ が措かれたのである。これに対し、実体性では事情が大きく異なっている。まず初めに、観測者S（可分的自我）は、第一次的に能動的な知性の働きであった。そして観測者Sは、観測事実 a の全面的な創出には至らない x 量だけを立て、同時に a を創出するに

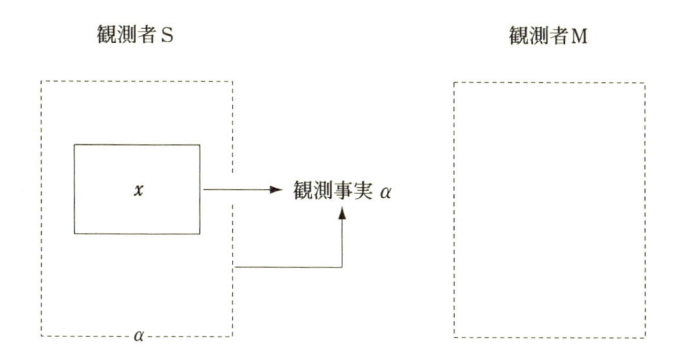

作用性

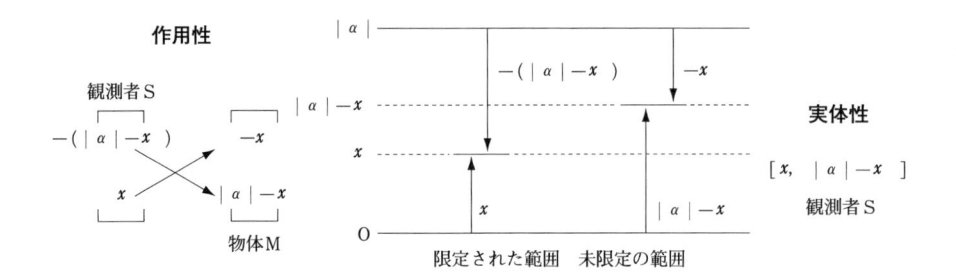

観測者S
$-(|\alpha|-x)$　　$-x$
x　　$|\alpha|-x$
物体M

$|\alpha|$
$|\alpha|-x$　　　$-(|\alpha|-x)$　　$-x$
x
x　　$|\alpha|-x$
0　　限定された範囲　未限定の範囲

実体性

$[x,\ |\alpha|-x]$
観測者S

は不足している分の $|\alpha|-x$ 量を立てていない。観測者Sは、したがって、そのかぎで第二次的に $-(|\alpha|-x)$ という受動的な状況にある。

　ここでフィヒテの表現に対応づけるならば、観測者S（可分的自我）によって「除外」されるのは、まず $|\alpha|-x$ であり、これによって観測者Sは限定された x 量だけを立てる。観測者Sは、知性をそのように限定された仕方で働かせているのである。こうしてフィヒテが述べるとおり、限定された x と――x が確定するまでは定まらないという意味で――未限定の $|\alpha|-x$ をともに含む「高次の範囲」$[x,\ |\alpha|-x]$ が成立する。量についていうと、これは $x+(|\alpha|-x)=|\alpha|$ であり、x の値によって観測事実 α が変更を迫られることはなく、α が量的に保存されるということでもある（119頁参照）。そして x は、$|\alpha|$ を尺度に、これを基準にして表すと、負の量 $-(|\alpha|-x)$ となる。このように実体性における x は、$|\alpha|$ を基底とする「限定された範囲」であり、能動的な量でありながら同時にまた $|\alpha|$ よりも低度に限定されている。このことから x は、$|\alpha|$ を基準にして量ると、$-(|\alpha|-x)$ という受動的な量でもある。他方、除外された能動的な $|\alpha|-x$ は、$|\alpha|$ を基底とする「未限定の範囲」であり、同時にまた、量的には $|\alpha|$ を基準にして量ると $(|\alpha|-x)-|\alpha|=-x$ でもある。では、以上のように定式化される実体性の構図によって、リンゴの落下はどのように捉えられるだろうか。この場合、$|\alpha|=g$ となるため、実体性の定式は $[x, g-x]$ となる。

落下しないリンゴの運動

　観測者Sは地上での観察から、他の物体と同様に、リンゴが常に重力加速度$-g$を呈して落下することを知るであろう。そして、地上で常に成り立つこの知識、すなわち観測者Sがもつ普遍的な概念gによって、リンゴの落下運動は一般的に理解されることになる。上記の定式を用いると、これは$x=0$とする——すなわち大地の運動状態を静止ないしv_0とする——限定であり、またそのような知性の働き方に対応する。そして、この場合の$|\alpha|$に相当するgを尺度にすると、xはそれじたい負の量$-(g-x) = -(g-0) = -g$でもある。では、これでリンゴの落下運動に関する観測事実$-g$が、全面的に捉えられたのであろうか。子犬の図と同様に、観測事実は一転して別の姿を浮かび上がらせるかもしれない。ガリレオが大地の運動をめぐって、塔の上から落下する物体が真下に向かう事実を説明した逸話は、まさにその可能性を物語っている。

　リンゴは加速度$-g$を呈して運動する。観測事実はこのように理解されるだろう。その一方で、大地が運動しているとすれば、この理解は無効となる。したがって、リンゴは加速度$-g$で運動していない。現段階においては、まだ実体性の$[x, g-x]$といった量的な定式化を先送りにして、当面は定性的に扱うことにしよう。そのかぎりで、リンゴは加速度$-g$で運動するのでは「ない」。しかも大地が運動しているとすれば、樹の枝についたままのリンゴは、静止しているのでは「ない」ことになる。このような疑問が浮上するとはいえ、地上に立つ観測者Sは、たとえ大地が運動していようとも、あくまでも観測事実を加速度$-g$で限定し、リンゴの落下を従来どおりに説明できるのでなければならない。観測者Sの知性は実体性の構図において、「リンゴは加速度$-g$で運動する」という視点と、これと反立する「リンゴは加速度$-g$で運動するのでない」という視点とを、いわば往復しながら働いていることになる。これは「枝についたリンゴは静止している」と「枝についたリンゴは静止していない」の往復でもある。そして同様のことが、懸案の問題であった「地球から常にほぼRの距離を保っている月は落下して

第3節　関係の完全性と運動の成分分解

いない」という見解と、これと反立する「それでも月は落下している」という見解との関係に直結していくのである。ここでは、しかし、実体性の質料がどのように定まるのかという点について、フィヒテが論じていることをまず確認しておきたい。

除外と範囲の限定

　地上での落下運動は重力加速度$-g$になる、という普遍的な知識を例にして、この知識の総体が有効な守備範囲を、以下ではAという記号で表す。他方、大地の運動を考慮して、この守備範囲には収まらない範囲をBという記号で表すことにする。さて、フィヒテによると、知性はそのつど特定の仕方でのみ働く。そして、そのとき発動していない働き方は除外され、発動中の働き方に応じた特定の知識が総体として浮かび上がる。この総体を「絶対的総体」と呼ぶことにすると、Aが絶対的総体として限定されるとき、Aに収まらない知識がこの範囲から除外されて、未限定の範囲Bを形成する。たとえば、普遍的な重力加速度$-g$という絶対的総体から大地の運動をめぐる事柄が除外されて、未限定の範囲を形成するようにである。こうして、実体性の形式に入る質料は、フィヒテのいう「限定された範囲（A）と未限定の範囲（B）との両者をその内に含む高次の範囲」をその背景にもつことになる。ここで、Aと、AとBを含む未知なる総体〈A+B〉とは、互いに区別されなければならない。この区別は一見すると容易であるかのように思えるが、これは視点の相異といった答えをすでに示してしまったからであって、この答えが明確になる以前の状況においては、非常にきわどいものである。このきわどさは、すでにあげたような、子犬の顔か3人の人物でもある"何か（？）"なのか、という例で考えれば理解できるだろう。

　大地の運動が半ば意識されながら、従来どおりの意味で「リンゴは自由落下する」という理解（A）と、従来の意味で「リンゴは自由落下するとはかぎらない」という理解（〈A+B〉）とは、まったく同一の運動を問題にしている。当然、一方が成り立てば、他方は棄却される。にもかかわらず、棄却

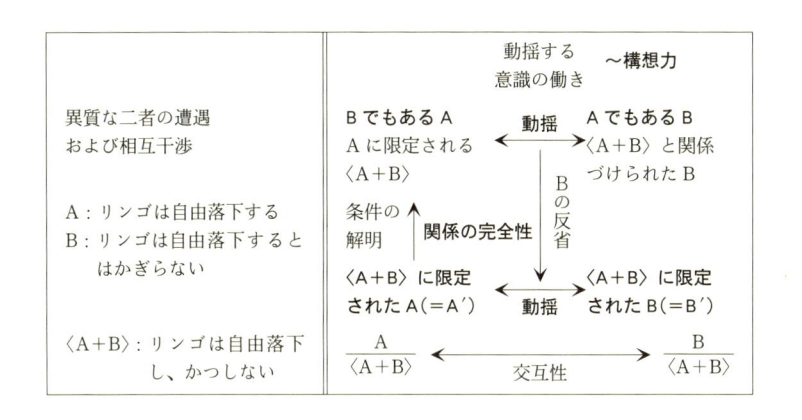

```
異質な二者の遭遇            動揺する        〜構想力
および相互干渉             意識の働き
                    BでもあるA    動揺   AでもあるB
A：リンゴは自由落下する    Aに限定される  ←―→  〈A+B〉と関係
B：リンゴは自由落下すると  〈A+B〉              づけられたB
   はかぎらない         条件の↑   │Bの
                    解明 │関係の完全性│反省
〈A+B〉：リンゴは自由落下  〈A+B〉に限定   ↓  〈A+B〉に限定
   し、かつしない        されたA（=A'）動揺  されたB（=B'）
                      A                      B
                    ─────   ←―交互性―→   ─────
                    〈A+B〉                  〈A+B〉
```

された理解がどこかで暗黙裏に維持されていなければ、実は双方とも成り立たないような関係になっている。もちろん、大地の運動を否定してしまえば、Aに落ち着くだろう。しかし、大地が運動している可能性を一度でも考えてしまうと、それを否定する場合でさえ、われわれの知性は否定に至るまでの過程においてAと〈A+B〉の区別が危うくなるような仕方で、いわば両者のあいだを動揺しながら、混乱したリンゴの運動と向き合うほかない。そして、たとえ混沌と化したとしても、それでもなお両者は区別されなければならないのである。というのも、仮に区別できないとすると、実体性の交互限定に入るべき質料（2項）が定まらないため、交互限定ということが起こりえないからである。子犬の図でいえば、それを子犬の顔と見ることも、また3人の人物が驚く様子とも見ない場合、そもそも両者のあいだを動揺するということは問題にならない。事情はこれと同様になっている。理解が進むためには、したがって、まず初めに実体性の質料──Aと〈A+B〉──が、絶対的総体として限定可能でなければならないのである。フィヒテは実体性の質料が呈するこの特性を「限定可能性 Bestimmbarkeit」と呼んでいる（343）。

　ところが、目下の例が示しているように、絶対的総体をAとするのか〈A+B〉とするのかは、一般性のある仕方では決められない。いかなる条件が同じ一つの図を子犬の顔とし、どのような知性の働き方が3人の人物

を浮かび上がらせるのか。これと同様にまた、リンゴが自由落下するのはどのような場合であり、そうならない可能性は、いかなる想定によるのか。この問題は、ようするに、天動説と地動説の「共約不可能性」と呼ばれるものに該当する。しかし、いずれにせよ、両者を互いに区別して限定することができなければ、そもそも問題は始まらない。フィヒテの議論では、そのような「限定可能性」にどのような根拠を設定するかに応じて二様の立場があげられ、それぞれについて検討される(9)。しかしながら、ここでは話をできるだけ錯綜させないように、その議論については省略しておきたい。

直線を描かない自由落下

　ここでは話をできるだけ具体的にする目的で、しばらくは同じ「落下」の例をもとに考えることにする。Aが絶対的総体として限定されるとBは無限定だが限定可能な範囲Bをかたちづくる。今、ある観察者が、動く（等速直線運動する）船のマストの上から物体が落下する様子を、岸辺から虚心坦懐に観察したとしよう。このとき、かれの判断としては、大きく分けて３つの場合が予想される。第一のそれはきわめて単純明快で、この観察から「見てのとおり、物体はマストに沿って真っすぐ下に落ちている」と判断する場合である。これは船の動きに引きずられて、暗黙のうちに船とともに移動する視点に立った、いわば自他の区別が不十分な判断になっている。つまり、岸辺に静止した座標系で物体の運動を観察するということが、まったくできていないのである。この点で、虚心坦懐な観察とはいえず、それ以前の姿勢

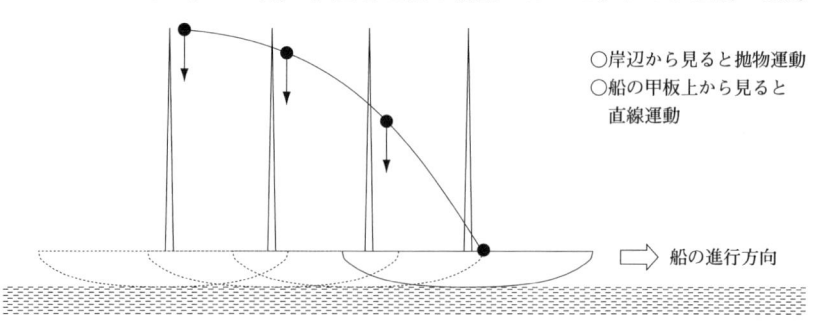

にとどまった判断がなされている。そして、この姿勢にとどまるかぎり、問題は前進しない。では、物体の落下運動が直線的になっていないことを確認できた場合、どのような理解がありうるだろうか。実は物体を前方に投げ出しているのではないか、と疑うのがその一例である。また、海上を進む船の上では、地上とは異なる要因が働いて、自由落下が大きく乱される、と考えることもできるだろう。いずれにせよ、観察された事実を「自由落下」とはしない判断が、第二の場合として想定される。しかし、この場合においても、問題の本格的な進展は期待できない。慣性運動の持続ということも、運動の成分分解のこともまったく知られていない現時点では、自由落下とは異なることが偶然に起こっているものとして、ただそれだけですませるほかないからである。問題が進展するのは残る第三の場合であり、岸辺で観察されたのは、やはり自由落下であると判断する場合である。以下ではこれを検討するが、この場合はさらに二通りに分けられる。

　第一に、直線運動の代表格ともいえる自由落下（A）に非直線運動（B）を帰属させる理解がある。ここではBを「非直線運動」としておくが、本来BはAによって除外されるすべての知識であるから、それこそまだAとの関連が気づかれていない膨大かつ漠然とした知識の範囲に相当する。しかし、理解しやすいように、このように単純化した設定にしておく。そのかぎりで、直線運動の自由落下（A）に非直線運動（B）を帰属させる場合、旧

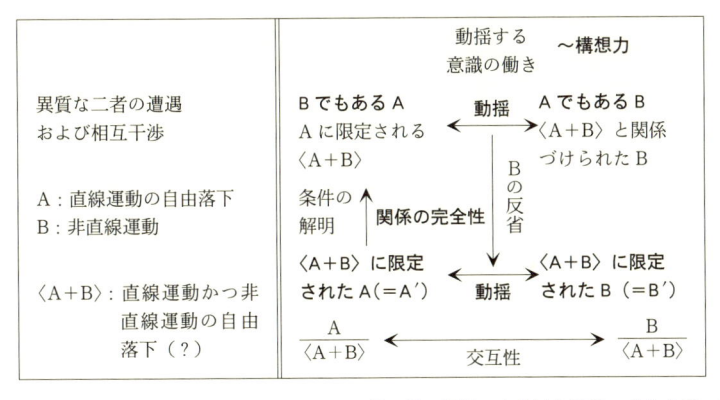

異質な二者の遭遇および相互干渉	動揺する意識の働き 〜構想力
A：直線運動の自由落下 B：非直線運動 〈A＋B〉：直線運動かつ非直線運動の自由落下（？）	BでもあるA　←動揺→　AでもあるB Aに限定される　　　　〈A＋B〉と関係 〈A＋B〉　　　　　　　づけられたB 　　　　↑　　Bの反省 条件の　関係の完全性 解明　　↓ 〈A＋B〉に限定　←動揺→　〈A＋B〉に限定 されたA(=A′)　　　　　　されたB(=B′) 　　A　　　　←交互性→　　　B 〈A＋B〉　　　　　　　　　〈A＋B〉

第3節　関係の完全性と運動の成分分解　163

来の知識Aは絶対的総体の身分から除外され、AとBを含む無限定の総体〈A＋B〉が、事実上は想定されている。それにはまだ、指示する言葉を当てることすらできない。とはいえ、それでもなお〈A＋B〉は直線運動の自由落下（A）にもとづく何かだと考えるほかない。というのも、そうでなければ観察された事実が「自由落下」だと判断されたことにはならないからである。知識Aとしてすでに知られていた諸性質の担い手が、あらゆる「自由落下」の実体であり、非直線運動（B）はこの実体の新たに発見された属性として、この担い手に改めて追加される。上記の観察事実を前に、すでに知られていた自由落下についての知識Aが、それとは別のものとして知られていた物体運動についての知識Bと遭遇したのである。とはいえ、自由落下についての知識Aから、明確な自覚を伴ってこの知識Bが除外され、あくまでもAの担い手が「自由落下」とされる。目下の例でいうと、本来"自由落下（？）"は直線運動でなければならない（知識A）が、動く船の上ではそれがたまたま奇妙な仕方で起こっている（知識B）、と理解されるのである。われわれの常識はほぼこの考え方に支持を与えるのではなかろうか。

　しかしながらこの理解においても、実はAが絶対的総体（実体）としての身分から退いている。そして、実体ではなくなったAが、それまでは無関係だと思われていたBと並んで「自由落下」の範囲を満たすようになったことは認めざるをえない。とはいえ、Aは自由落下にとって「本質的なもの」であるのに対し、Bは自由落下にとって「偶然的なもの」と位置づけられる。さて、ここからが重要な点であるのだが、このようにして除外されたBは、物体の自由落下とは無縁なものと考えられていたにしても、それまで知られていなかった意味不明のものかというと、そうではまったくない。Bすなわち「非直線運動」は、そのものとして何ら未知なる側面をもちあわせていないのである。むしろBは、明確に――抛物(ほうぶつ)運動として――限定された、既知の事柄にほかならない。しかし、これは字義どおり物を抛った場合ではない。マストの上から物体を自由に落下させただけである。それでも抛物運動が観察されたため、その種の運動を初めとして、非直線運動についての知識

Bまでが不可解な様相を呈することになる。しかしながら、抛物運動がそれまでの限定を失って未知なる無限定な事柄となるのは、それが意外にも自由落下の知識Aと結びつくからにほかならない。このことからも分かるように、Aをもとにした理解を維持しようとして、自由落下にとってはたかだか偶然の性質だということで除外されるのは、無限定な"非直線的でもありうる自由落下"〈A＋B〉の一限定へと変容を遂げた、不可解な「抛物運動（？）」としてのBなのである。

このように、Aによって〈A＋B〉を限定しようとするときに除外されるのは、事実上〈A＋B〉に関係づけられたBである。Bは通常よく知られていると考えられていながらも、実はどこまでも未限定であり、まだ知られていない膨大な領域だともいえる。抛物線を描く自由落下を目撃して、まさにこの真相が、にわかに顔を覗かせたということである。この点、限定された既知のAでは理解できない〈A＋B〉の側面が、未限定となったBに関係づけられて除外されたと考えてもよい。〈A＋B〉はそれ自体として考えると、徹頭徹尾わけの分からないものであるから、本来はそれについて何も語りようがない。それはAとの関係で考えようとしても考え切れるものではなく、未限定となったBとの関係でしか保持されえなくなっている、と理解してもよいだろう。Aとの関係では未限定のBが除外されて、Aが絶対的総体（実体）になるとは、実際には以上のようなことである。

動く船での落下実験において、観察された運動を「自由落下」と判断するもう１つの理解では、知識Aが特権化されない。すでに知られていた自由落下についての知識Aから非直線運動Bが除外されると同時に、もはや限定されたものではなくなった知識Aもまた除外され、未知なる〈A＋B〉によって「自由落下」の全範囲が満たされる。子犬の図でいうと、これは同じ１つの図を前にして、そこに子犬の顔を見る立場に対してだけではなく、当初からそこに３人の人物を見る立場に対してもまた、同等の権利を認めるということに対応する。この場合、直線運動を初めAのすべてが、抛物運動と同等の権利で偶然の性質となる。それまでは限定されていた既知のAも、

また新たに未限定となったBも、ともに"非直線的でもありうる自由落下"〈A＋B〉にもとづき、AとBはこの〈A＋B〉が或る条件——特殊な視点の設定——により限定された「特殊な範囲」に相当すると考えられている。そして〈A＋B〉は今のところは無限定だとはいえ、いずれは限定されると期待される限定可能な総体（実体）であり、AとBはともにこの実体にとっての属性に相当すると考えられるのである。前段の考え方とは異なって、この考え方においては〈A＋B〉が明確に絶対的総体（実体）として想定（定立）されている。

　この場合、かつては完全に限定されていたAが、新たに想定された"非直線的でもありうる自由落下"〈A＋B〉の、まだ知られていない条件下で限定される特殊な範囲として設定されている。事実上はまだ知られていない、こうした限定関係の総体こそが、絶対的総体（実体）になっているのである。方法論的には一歩前進したかに見える。しかし〈A＋B〉が絶対的総体とされるとはいっても、それはもともと何とも語りようのない"何か（？）"でしかない以上、限定された既知のAと関係づけて考えるか、あるいは未限定となったBとの関係で考えるか、このいずれかの仕方でしか考えようがない。子犬の図は3人の人物が驚く様子でもあった。ことによると、これら以外でもありうる。しかしながら、われわれは当の図を「子犬の図」と呼ぶか、さもなくば「3人の人物が驚いている図」に類する呼び方をする以外に、少なくとも意味を伴う言明も指示もできない。これと同様に考えればよいだろう。どのような条件のもとで〈A＋B〉が非直線運動Bと結びつくのか、その具体的な条件がまだ解明されていない段階では、限定されたAと未限定なBとの関係で〈A＋B〉の限定を図る以外に、観測者S（可分的自我）は解明の課題を設定することすらできないのである。〈A＋B〉が絶対的総体（実体）になるというのは、それとAおよびBが関係づけられながらも、実際にはただAとBとの関係づけが図られていることなのである。

視点の動揺と同一の関係性

　さて、以上2つの絶対的総体（実体）は、互いにどのように反立しているのであろうか。第一の立場（理解の仕方）では、まず初めに知識Aの「担い手」が未知なる"落下運動"の絶対的総体と考えられ、既知のAがその「本質的属性」とされる。そして、目下のところBはAとどのように関係するのか不明なため、その限りで未限定のBは絶対的総体（実体）の「偶有的属性」とされる。以上が、2つの立場をともに視野に収めたときに認められる、第一の立場の特徴である。他方、第二の立場（理解の仕方）では、未知なる〈A＋B〉が自由落下の絶対的総体（実体）とされ、AもBも本来は優劣の差がない「単なる属性」とされる。第一の立場においては、Aの「担い手」が実体とされながらも、「自由落下」と呼ばれていた実体は、もはやAによっては限定されない未知なるものとなっている。そしてAとBは、この未知なる実体が担う互いに身分の異なった属性として位置づけられているのである。これに対し、第二の立場では、未知なる〈A＋B〉が「自由落下」の実体――あらゆる属性の担い手――とされ、AもBも身分の同等な属性として位置づけられている。

　以上のように、非直線運動を自由落下に帰属させるかぎり、いずれの立場においても、限定されていた「自由落下」は未知なる総体となる。ここで、AとBの身分の違いを度外視すれば、第一の立場で想定されている実体――Aの「担い手」――と、第二の立場で想定されている実体――絶対的総体〈A＋B〉――とは、同様に想定されている「未知なるもの」という点ではまったく差異がない。本節の初めに掲げた図でいうと、それを「子犬の顔でもある何か」と呼ぶにせよ、それを「子犬の顔でもあり、3人の人物でもあるような何か」と呼ぶにせよ、指示されているのは、1つの図に描かれた同じ「何か（?）」であった。自由落下をめぐる上記2つの立場が想定する絶対的総体（実体）についても、これと同じ事情になっている。また、この未知なる絶対的総体とAおよびBとの関係も、AとBに身分の違いを認めるか否かという問題を除いては、いずれの立場においても同様に理解されている

のである。このように、限定されていたものが未限定な未知なるものとなること、そして、限定されている既知のことをもとに、未限定で未知なるものを解明しなければならないということ、これらは異なって見えた２つの立場において同一に成り立っている。"非直線的でもありうる自由落下（?）"〈A＋B〉という未知なるものを解明しようとすれば、いずれにせよAとの関係では未限定であったBを、Aとの関係で調べていくだけであり、同じことである。

　Bに含まれていた抛物運動は、どのような条件下で直線的な自由落下Aと結びつくのか、このことがさまざまな角度から調べられるだろう。そして、動く船のマストに沿って落ちる物体の運動を、たとえば岸辺から観察した場合などの実例から、直線的な自由落下という知識は洗練されていく。そして最終的に、直線的な落下運動は１つの特殊ケースとして理解し直され、自由落下運動が呈する一般的な性質（属性）の１成分として、すなわち鉛直下方向きの加速度成分$-g$として規定されることになる。すると、直線的な自由落下（A）というものは、この加速度成分と垂直な方向に、しかも特定の速度で等速運動する視点[10]から観測される運動であることも分かる。さらに、従来の知識Aは"非直線的でもありうる自由落下"〈A＋B〉が、——動く船の上で上記の落下運動を観察する場合のように、鉛直下方向きの加速度成分とは異なる運動成分を、結果的に相殺するように運動する慣性座標系といった——ある特定の条件下で観察した場合に呈する特殊な性質（属性）にのみ着目したときの、たかだか部分的な知識にすぎなかったことも判明するのである。と同時に、ここであげた特殊ケースとは違った条件下で観察される、自由落下運動のさまざまな性質（属性）が、非直線運動についての知識Bに改めて編入されるであろう。そして、この段階に至れば、もはや未知なる〈A＋B〉は無用の想定となっている。こうしたプロセス全体に見られるように、AとBはいずれ無用となる〈A＋B〉——AとBの担い手——に限定されているかのように想定されながらも、実は相互的な関係性のもとで直接かつ無媒介に接触し、ともにその性格（外観）を変貌させていたのである。

ここでは「担い手」という表現で実体のイメージをだしておいた。しかし、自由落下の例で、結局のところ〈A＋B〉が無用の想定となって終わったように、われわれが実体を定めるときに実際に行っているのは、一つひとつの属性を関係づけることだけであった。にもかかわらず、属性の未知なる或る総体が知性の働きによって観測者S（可分的自我）から独立に在るものであるかのように立てられ、その総体が実体と呼ばれている。しかしそこに認められるのは、二様の絶対的総体（実体）の定め方のいずれをも、すでに確認したような「同一の円環的な関係性」が貫いているという「こと」である。フィヒテはこうした事態を特徴づけて「関係の完全性 Vollständichkeit eines Verhältnißes」と呼ぶ（349）。「諸属性が総合的に統一されて実体を与える。そして、実体の中には諸属性以上のものは何も含まれていない。実体は分析されると諸属性を与えるのであって、実体が完全に分析された後は、諸属性のほかには何も残らないのである。持続的な基体、すなわち諸属性の或る担い手といったものは考えるべきでない。ひとつの属性はそれ自身の担い手であると同時に、それに反立する属性の担い手でもあり、そのための特殊な〔別の〕担い手は不要なのである」（350）。カントもまた「現象における実体（〔Substanz in der Erscheinung〕, substantia phaenomenon）そのものは純然たる関係だけの総括である」（A265＝B321）と述べている。フィヒテはこのテーゼを厳密に定式化していたのである。

関係態としての質料と間接的定立の深化
　かくして、Aと〈A＋B〉のいずれを絶対的総体としても、問題とするのはAと〈A＋B〉との限定関係――そしてこれと表裏する、Bと〈A＋B〉との限定関係――である。Aと〈A＋B〉のどちらを絶対的総体に選んでもよいし、いずれを選んでも同じ課題を遂行することになる。したがって実際上の争点は、自由落下にとってAが「本質的な属性」か「単なる属性」の一つでしかないのか、という一点だけになっている。そしてこの対立は、第三原則の限定の規則によって容易に調停される。ここでは理解を容易にするた

めに、実体性と比べてイメージしやすい作用性に即した仕方で、あらかじめ具体的な調停案を示しておくことにしよう。

　本章の第1節で示したように、第三原則をニュートン力学に適用しやすく特化した範式は、

　　　[3] 観測者S（自我）は観点v_0のもとに、運動αの一部分に与る自分自身（可分的自我）と、運動αの一部分に与る物体M（可分的非我）を措く

というものであった。これを適用すると、Aに含まれる自由落下の直線性は、部分的に成り立ち、部分的には成り立たない。すなわち既知のAは、観点v_0から見て自由落下運動の加速度成分だけを物体M（可分的非我）に配分する一方、同じ運動の加速度成分に対してそのつど垂直な方向をとる慣性運動の成分については、観測者S（可分的自我）に配分するといった条件下で成立する——この相互配分は作用性で検討したように、さらなる進展を遂げる——のである。これらの条件が具体的に知られていない段階でも、関係の完全性を規準としてそれに依拠するかぎり、Aが部分的に妥当するということまではいつでも主張できる。そしてBについてもまた事情はまったく同様である。こうした関係の完全性に定位するのであれば、それまで理解されていたAの知識を「本質的」と呼ぶか否かは、基本的にどこまでも自由である。このように、Aを絶対的総体とする場合と〈A＋B〉を絶対的総体とする場合のいずれも、実際には「関係の完全性」を規準とする、以上のような限定ないし制限の規則によって、同一の課題を遂行するのである。

　あえて作用性に即した仕方で説明しておいたが、実体性にしたがうと、観測者S（自我）からあたかも独立しているかのような物体M（可分的非我）は、上記の〈A＋B〉に相当する仮の設定にほかならない。改めて知識Aに自由落下運動の加速度成分が配分され、同時にまた知識Bには、同じ運動の慣性運動に相当する成分を含む非直線運動が改めて配分しなおされる。実

体性ではこのことだけが問題なのである。つまり、不可解で未知なる"もの（？）"は問題でなく、知識——実体性の質料——だけが問題にされている。さらには、観察事実もまた、観察される事物ではなく、あくまでも「観察事実」と呼ばれ、また知られているところの事柄ないし知識に該当する。われわれがその背後に「自存的な事物」の存在を前提したくなるのは、すでに論及した関係の完全性において、課題が実際に遂行されるとき、たとえば"非直線的でもありうる自由落下（？）"〈A＋B〉といった、不可解な「属性の担い手」を想定したくなる傾向からにほかならない。フィヒテはこの傾向までを、以上のような議論の過程で、同時に解明（暴露）していたのである。

　ここまでの検討からも分かるように、実体性が質料としていた総体は知識Aではなく、また疑似的に立てられる基体〈A＋B〉でもなく、事実上は関係の完全性を背景にして現れた１つの関係態になっている。が、これにはまだ呼び名がない。ただし、単独で考えようとすると不可解な〈A＋B〉がAまたはBと結びついて、無限定でありながら限定可能なものとして振る舞っていたことは確かである。フィヒテはこの結合体を、限定されたA——またはAとの関係では未限定なB——と無限定な〈A＋B〉とが互いに基礎づけあっている「限定された限定可能態 Bestimmte Bestimmbarkeit」と呼び、その総体こそが本来の「実体」であると主張している（347）。抽象的な表現で困惑するが、たとえば運動する船上での自由落下を岸辺から観察して、それまでの知識Aが限定されていないものに変容し、知識Bと共に未知なる総体〈A＋B〉に支えられた部分領域（A/〈A＋B〉）として捉え直されている、ということである。これと同時に、知識Bもまたそれまでは無縁であった知識Aと遭遇し、互いに干渉し合いながら今までのようにはっきりと限定されたものではなくなる。そしてAと同様、Bもまた〈A＋B〉に支えられた部分領域（B/〈A＋B〉）として捉えなおされる。このように反立するAとB相互の関わり合いを「限定された限定可能態」と呼んでいるのである。厳密な表現ではなくなるが、ようするにそれは、既知の事柄Aとそれとの関係がまだ分かっていない事柄Bとを総括した、いわば「解明の課題」

のことである。趣旨としてはそのように了解しておいて大過ないだろう。

　ところで、作用性の分析で浮上した知性の間接的定立の法則が、ここではより包括的に特性づけられたことになる。本質の上で相互に反立し、運動する船の上で観測される直線的な自由落下の軌跡が消失しなければ、岸辺の観点で観測される――同じ落下物体が描く――抛物線の軌跡は生起せず、しかもこの反対でもあるといった実態を、フィヒテは関係の完全性のもとで、より根本的に特性づけることに成功しているのである。間接的定立の働きでは、消失する側か生起する側のいずれか一方に焦点が定められて終わるほかなかった。これに対し、関係の完全性では、双方が互いに織り成す関係性のもとで、知性の射程ないし視野が両者に及ぶということである。そして、この新たに発見された知性の働きによって、加速度を速度の時間微分として理解する理論的な手法もまた、初めて可能になることが分かる。

落ちないリンゴの落下加速度

　ニュートン的な事例を、あえて現代的な道具だてで考えると、地上で静止している事物は大地の運動（地球の自転）に伴って、そのつど特定の速度で運動しているため、その運動を速度ベクトルで表すことができる。たとえば、樹の枝についたリンゴは静止しているにもかかわらず、その運動を速度ベクトルで表すことができる。しかもその速度ベクトルは時間とともに変化する。そして、速度の瞬間的な変化が加速度である。この瞬間的な速度変化は直接的に理解できるものではなく、経過時間を限りなくゼロに近付けたときに成立してくるベクトル量であることがよく知られている。異なった時点間の時間間隔（Δt）に対する、その間の速度ベクトルの変化（Δv）の比（$\Delta v/\Delta t$）が、時間間隔の消失（$\Delta t \to 0$）を通じて生起してくるもの、それが加速度（dv/dt）である。一方の消失によってしか他方が生起しないほど反立する２項として、樹の枝についたリンゴの速度とその加速度を考えるのは、おそらくフィヒテの構図からして自然であろう。ただしこれは、作用性に即した性格づけである。これを実体性に即して言い換えれば、加速度の想定を介して、

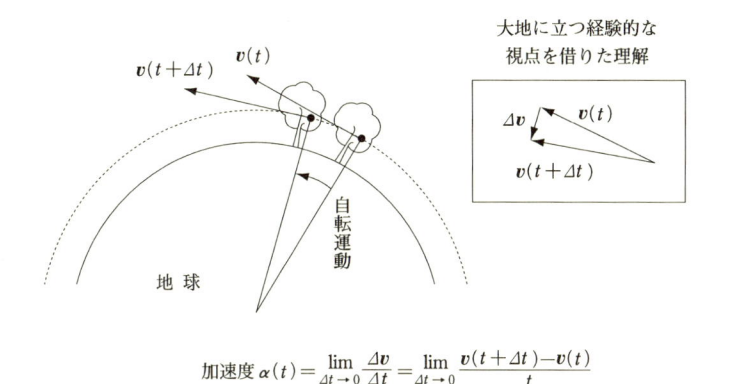

図中のラベル：
- $v(t+\Delta t)$、$v(t)$
- 自転運動
- 地球
- 大地に立つ経験的な視点を借りた理解
- Δv、$v(t)$、$v(t+\Delta t)$

$$\text{加速度 } \alpha(t) = \lim_{\Delta t \to 0} \frac{\Delta v}{\Delta t} = \lim_{\Delta t \to 0} \frac{v(t+\Delta t) - v(t)}{t}$$

そこから除外された時間差や速度がそのまま保持されるということになるだろう。実際、時間間隔の消失によって速度ベクトルの変化（Δv）が消えるにもかかわらず、時間間隔と速度ベクトルの変化をともに保持しているのでなければ、そもそも加速度というものは単なる無となり、そのようなものを理解することはまったく不可能である。この事情は実のところ、瞬間的な位置変化としての速度についても同様である。したがって、以上で扱っていたのは、われわれの知性がフィヒテの実体性にしたがった働き方をすることにより、初めて成り立つ基本的な運動諸概念であったといえる。

　しかし、ここで特に注目したいのは、樹の枝についたままのリンゴが加速度をもっているということにほかならない。大地の動きを俯瞰する理論的な視点からすると、そのリンゴは落下しているのである。しかも、このような理解に到達する理論的な視点は、大地とともに運動するリンゴの瞬間的な速度変化、すなわち時間の経過とリンゴの速度変化のいずれもが消失する極限を捉えている。ところが、樹の枝についたリンゴをそのように捉える現実的な視点は、大地に立って枝についたリンゴを眼前にする経験的な視点にほかならない。この経験的な視点は大地とともに運動していることで、時間の経過とリンゴの位置変化が文字どおり消失した状況下にそのつど常に置かれている。このため、大地に立つ観察者の視点は、リンゴに帰される速度ベクト

第3節　関係の完全性と運動の成分分解

ルの時間的な変化だけを注視できる視点でもある。このように、大地の動きを俯瞰する理論的な視点は、大地の上に立つ経験的な視点を借りることによって、リンゴの加速度について考えることができていたのである。そうでなければ、ベクトル$v(t)$とベクトル$v(t+\varDelta t)$とは、理論的な視点で描かれた前頁の図がまさにそうなっているように、離れたところに位置する別のベクトル量でしかないだろう。なるほど、ベクトルは大きさと方向だけを表すので、たまたまおかれた位置は問題にならないという意見があるかもしれない。しかし、その種の理解はむしろ、たまたまおかれた位置が問題にならないような視点を前提しているのである。そして目下の場合、その視点は大地の上に立つ観察者のそれに該当する。

　かくして、樹から落ちてこないリンゴは常に落下してきているといった、常識からすると異様な理解が成立することになる。前節では、月にむかって大地が落ちていくというニュートンの着眼について言及したが、ここでは樹の枝に生って静止しているリンゴが実は落ちてきているのである。この理解は以上から分かるように、互いにまったく異質な、しかも互いに厳しく対立する仮説構想的な理論家の視点と、経験的な観察者の視点とのあいだを往復しながら、まさにこの往復により初めて成立する。いうまでもなく、前者の視点からは常に落下するリンゴという主張が立てられ、後者の視点からは、――現に落ちてこない――リンゴは落下などしていないという主張が立てられるのであるから、これほど厳しい対立はほかに考えられないほどである。しかし、ここでフィヒテの実体性に当てはめると、両視点間を往復する観測者Sは、観測事実にもとづいて樹の枝に下がったままのリンゴに加速度ゼロを帰すると同時に、それ以外の知識を除外する。そしてこのように限定する知性の能動的な働きは、まさにこの限定によって知性の働き総体を尺度とした場合には不足しているため、暗黙裏に除外された知識に相当する分だけ受動的でもある。このため、すでに論及した関係の完全性をつうじた静止Aと非静止B――自由落下をめぐる先ほどのA，Bとは設定が異なっている点に注意！――の遭遇と相互干渉に応じて、観測者Sは観測事実としての加

速度ゼロ（A）と、理論的に構想される $\alpha(t)$ の加速度（B）とのあいだに、見事な調停案を提供するのである。

月の落下運動と慣性運動

　ところで、リンゴの落下問題が調停されると、月の運動をめぐる問題の理解もまた大幅に進展する。観測事実として月は落下してこない。たしかに、樹の枝に生ったリンゴと、何も支えがない月とでは、落ちてこない力学的な理由はかなり異なる。しかし、大地の中心から距離がほとんど変わらない物体でも加速度をもちうる点では、理論的に考えてリンゴと月を区別する理由はどこにもない。しかも、観測事実の記録をもとに、理論上の俯瞰的な視点から月運動の軌跡を描いてみると、それは樹の枝に生ったリンゴと同様に、大地をめぐるものとなる。そして月の運動は、先ほど示したリンゴが描く軌跡と比べて、実質的に異なるところはないのである。それゆえ、落ちてこない月についてもまた、何が月を支えているのかという問題を考える以前に、観測事実の記録から描かれる月の運動から分かるかぎり、その加速度を理論的に扱うことに理不尽さはない。加速度についてだけ考えれば、枝に下がったまま落ちないリンゴと同様に、落ちてこない月の加速度を、その運動形態（軌道）から扱っても差し支えないのである。このように、理論的な視点と経験的な視点とを往復する観測者Ｓにとって、月は落ちてこないリンゴとまったく同じ意味で、落ちてはこなくとも常に落ちてきている。表現だけを

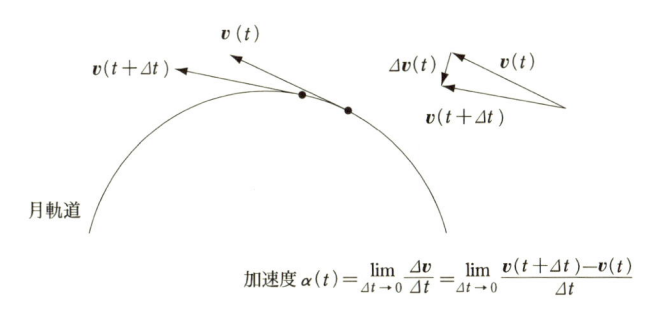

$$\text{加速度 } \alpha(t) = \lim_{\Delta t \to 0} \frac{\Delta v}{\Delta t} = \lim_{\Delta t \to 0} \frac{v(t+\Delta t) - v(t)}{\Delta t}$$

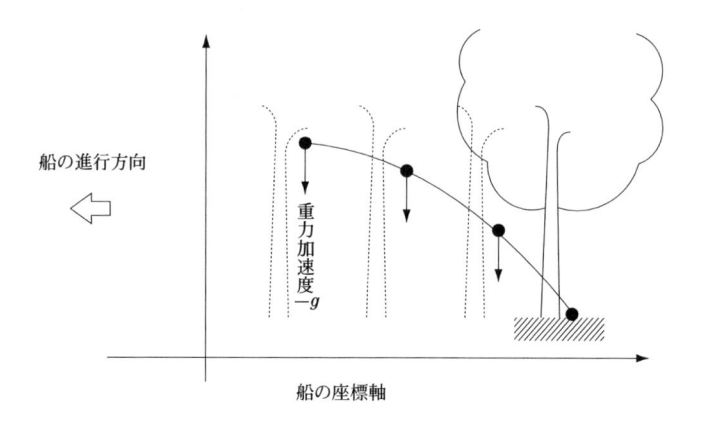

[図：船の進行方向←、重力加速度 $-g$、船の座標軸。自由落下する物体の軌跡]

　見るとまるで禅問答だが、観測者Sは実体性の交互限定をつうじて、まさにこうした理解に達するのである。そして、地上での経験から天界の理解へむかう知性の歩みは、落ちてこないリンゴの理解と同様に、天界にではなく、実際はむしろ経験の奥行きに迫ることで進められる。

　自由落下が動く船の上でどのようになるか、この点はすでに扱っておいた。ここではさらに、地上で起こる自由落下が、動く船の上からどのように観察されるかという設定で議論を進めたい。すでに示したリンゴの事例では、大地で観察するとリンゴが落ちてこない場合に相当するのに対し、次に検討す

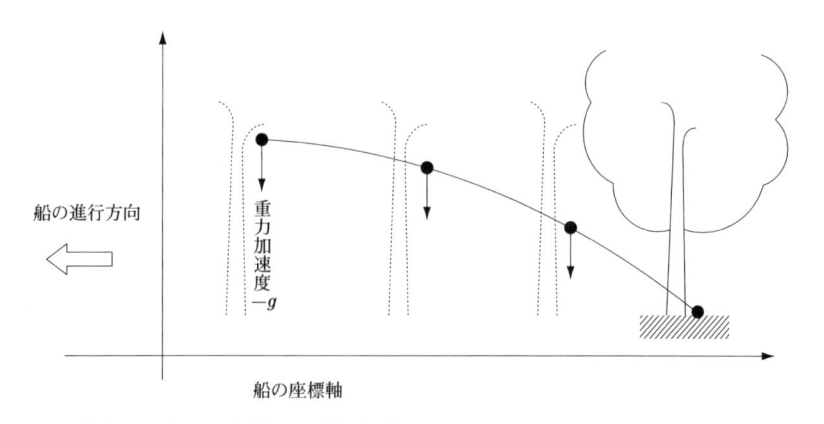

[図：船の進行方向←、重力加速度 $-g$、船の座標軸。自由落下する物体の軌跡]

176　第三章　知識学の三原則と力学的体系構成

るのは、大地で観察するかぎり真下に落ちてくるリンゴの場合である。いうまでもなく、強風などの外的条件がなければ、リンゴは真下にむかって落ちる。しかし、これは大地に静止した視点からの観察事実であり、水面上を等速で進む船の座標軸では抛物線を描いて落ちるように見える。これは先ほど、動く船でマストの上から自由落下する物体の運動を、地上から観察した様子とまったく同様になっている。さらに船の速度が変わると、それに応じて地上での自由落下運動は、実に多様な抛物線を描く（前頁の図参照）。船が自由落下する物体に対してどのように運動しているか、その違いが、描かれる抛物線の形状に反映するのである。しかしながら、実体性の交互限定では自由落下についての知識Aに、従来どおりの普遍的な落下加速度$-g$が立てられるところから出発する。すなわち、大地の中心にむかうこの運動以外は除外されるのである。そして除外されたものは、未限定なBのうちに$-g$以外の側面として編入され、知性が注視する範囲の外に保持される。

　かくして、多様な抛物線を描く諸運動が、それでも自由落下として理解されるときに、AとBそれぞれが"単なる$-g$とはかぎらない自由落下"〈A＋B〉の限定された属性となる。観測者Sの知性はこのとき、自由落下を加速度$-g$とする能動的な働きである一方、働き総体を尺度とするとBだけ不足した受動となっているため、互いに対立するAとBの遭遇と相互干渉をつうじて、関係の完全性に従ったAとBの再限定に至る。すなわち、従来の$-g$は自由落下の鉛直下方向きの運動成分として知識Aに、またそれ以外の運動成分は、観測対象と観測者のあいだの相対的な運動関係が対象側に反映して観測されているものとして、改めて知識Bのうちに編入されるのである。特に、さきほど扱った動く船の場合と同様、観測対象と観測者とが等速直線運動の関係になっている場合、知識Aから除外されつつ改めて限定されるのは――厳密には各瞬間における――慣性運動の成分であ。そして、まさにそのように再限定されたこの成分が、改めて知識Bに編入しなおされる。以上のように、観測者S（経験的自我）は実体性の交互限定に従う知性の働きによって、加速度成分と慣性運動の成分とを截然と分断する考え方に

第3節　関係の完全性と運動の成分分解　177

到達できるのである。

俯瞰的な観点と慣性運動の視点

　すでに作用性を主題的に検討した前節において、力の働く方向と運動方向との分断については、半ばこれを基本的な了解事項として議論しておいた。しかし、この種の考え方が定量的かつ厳密な手法として獲得されるのは、実体性の交互限定をつうじてである。ここからも推察されるように、作用性と実体性とは、けっして知性の互いに無関係な働き方ではない。フィヒテの位置づけによると、双方とも「構想力 Einbildungskraft」（359）と呼ばれる、知性の中枢的な働きの際立った二側面にほかならないのである（vgl. 313-322）。たとえば作用性において、月の加速度が実際の運動方向その他から切断されて単独で扱われる——作用性の質料とされる——とき、この切断により度外視される膨大な範囲が、もしも完全に消失して省みられる余地をなくすのであれば、そもそも x の不足分 $-(|\alpha|-x)$ という想定にはなりえず、端的に $|\alpha|$ を物体 M か観測者 S に帰して終わる以外なかったはずである。これは作用性が実体性と連携していることの顕著な現れだといえる。逆にまた、構想される月側の視点から地球を観測し返すといった、視点の移行が作用性の際立った特徴であったが、実体性の交互限定は、まさにこの移行によって初めて可能となる。すなわち、実体性は作用性と連携することで、運動する船上の視点と大地に立つ視点との往復を果たすのであり、作用性に従った視点の移行は、実体性に従って働く知性が関係の完全性に則って課題を遂行するための要件となっていたのである。

　二様の交互限定は、以上からも分かるように、そのつど必ず表裏一体となって働いている。そして、実体性の働き方をここまで追究したことにより、フィヒテの三原則に蔵されていた根源的な観点、すなわち慣性運動 v_0 の観点は、当初の設定を遥かに超えた具体性にまでたどりついている。動く船で起こる自由落下は船上でどのように見えるか、また大地に静止した視点から観測した場合、同じその落下運動はどう見えるか、これはすでに確認したと

おりである。さらには、大地で起こる自由落下は大地に静止した視点からどう観測されるか、また同じその落下運動は、動く船の視点からどのように観測されるか、このことも確認ずみである。これを表にまとめてみると、

	大地の視点	動く船の視点
動く船で起こる自由落下	抛物線運動	加速度直線運動
大地で起こる自由落下	加速度直線運動	抛物線運動

のようになる。自由落下運動の振る舞いは、大地の視点と動く船の視点とのあいだで、相互に反転することが分かる。ところが、この相互反転を貫いて、次のようになっていることも認められるのである。

	大地の視点	動く船の視点
加速度成分	直線・普遍 $-g$	直線・普遍 $-g$
慣性運動の成分	対象と視点との間の相対的な運動関係	対象と視点との間の相対的な運動関係

　以上から、ある決定的なことが帰結する。まず分かるのは、どのような視点に立っても、加速度成分については同様に扱えるということである。また、慣性運動の成分は各対象が固有にもつ何かではなく、対象と観測者とが相互にどのような運動関係になっているかを示している。したがって、もしも観測者Sが、後者の単なる相対的な運動関係を特定の何かに帰することなく、運動の根拠については加速度成分のそれだけを——ニュートンの第三法則あるいはフィヒテの第三原則によって相互配分的に——追究するのであれば、そのかぎりにおいて視点はどこに定められても差し支えない。すなわち、宇宙を俯瞰する絶対的な観点（特権的な慣性運動 v_0 の視座）は、当面の課題遂行にとっては不要であり、ある意味ではいかなる視点もその役割を過不足なく果たしうる。まさしくこれが決定的な帰結にほかならない。この帰結からはまた、地球の重力（引力）場——加速度を惹き起こす場——における月の運動が、特定の楕円軌道を描くものとして、経験的に検証される力学の基本法則から理論的に再構成されることになる。

視点の解放と仮説構想的な視座の獲得

　月の楕円軌道を求めるにあたっては、通常は万有引力の法則を前提にして、二体問題を一体問題に帰着させる手法が用いられる。しかし、ここでは前節で求めた２つの式（135 頁および 137 頁参照）

$$f_\mathrm{T} = -\gamma \frac{m}{r^2} \quad (\gamma \text{は地球に固有の定数})$$

$$f_\mathrm{L} = -\mu \frac{m}{r^2} \quad (\mu \text{は月に固有の定数})$$

の定数 γ と定数 μ が、それぞれ地球の質量と月の質量だけで決まるとは、あらかじめ前提せず、その他の可能性を排除しない議論にしておく。すなわち、地球の引力も月の引力も、それらが作用する物体の質量 m に比例し、m までの距離 r の自乗に反比例するとだけ前提する。そして、月の位置ベクトルを $\boldsymbol{r}_\mathrm{L}$、地球の位置ベクトルを $\boldsymbol{r}_\mathrm{T}$ とし、これまでと同様、各質量を $M_\mathrm{L}, M_\mathrm{T}$ と

おく。すると、このとき、地球（M_T の位置）から見た月（M_L の位置）は、

$$\boldsymbol{r} = \boldsymbol{r}_\mathrm{L} - \boldsymbol{r}_\mathrm{T} \qquad \cdots\cdots 式（*）$$

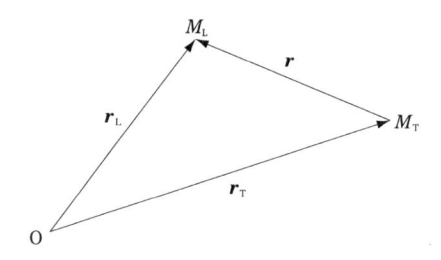

で表される。

　ここで月の質量 M_L に働く地球の引力 $\boldsymbol{f}_\mathrm{T}$ と、地球の質量 M_T に働く月の引力 $\boldsymbol{f}_\mathrm{L}$ は、ベクトル量でそれぞれ

$$\boldsymbol{f}_\mathrm{T} = -\frac{\gamma}{r^2} M_\mathrm{L} \cdot \frac{\boldsymbol{r}}{r}$$

および

$$\bm{f}_\mathrm{L} = \frac{\mu}{r^2} M_\mathrm{T} \cdot \frac{\bm{r}}{r}$$

となり、作用・反作用の法則から

$$\bm{f}_\mathrm{T} + \bm{f}_\mathrm{L} = \bm{0} \qquad \cdots\cdots 式（**）$$

が成り立つ。また、M_L と M_T について運動方程式を立てると、

$$\begin{cases} M_\mathrm{L} \dfrac{d^2 \bm{r}_\mathrm{L}}{dt^2} = M_\mathrm{L}\, \ddot{\bm{r}}_\mathrm{L} = \bm{f}_\mathrm{T} \\[2mm] M_\mathrm{T} \dfrac{d^2 \bm{r}_\mathrm{T}}{dt^2} = M_\mathrm{T}\, \ddot{\bm{r}}_\mathrm{T} = \bm{f}_\mathrm{L} \end{cases}$$

となり、これらと式（**）から

$$M_\mathrm{L}\, \ddot{\bm{r}}_\mathrm{L} + M_\mathrm{T}\, \ddot{\bm{r}}_\mathrm{T} = \bm{0}$$

が得られる。これは月の質量 M_L と地球の質量 M_T を合わせた系の質量中心が静止（慣性運動）していることを表している。

さらに、上記の運動方程式を、式（*）を時間で2回微分した式に代入すると、

$$\ddot{\bm{r}} = \ddot{\bm{r}}_\mathrm{L} - \ddot{\bm{r}}_\mathrm{T} = -\frac{\gamma}{r^2} \cdot \frac{\bm{r}}{r} - \frac{\mu}{r^2} \cdot \frac{\bm{r}}{r}$$

$$= -\frac{\gamma + \mu}{r^2} \cdot \frac{\bm{r}}{r}$$

となる。ここで $\gamma + \mu = \eta$ のように表すことにすると、

$$\ddot{\bm{r}} = -\frac{\eta}{r^2} \cdot \frac{\bm{r}}{r}$$

が得られ、地球 M_T から観測した月 M_L の位置ベクトル $\bm{r}$ の微分方程式として、月の運動を扱えることが分かる。

ここで月 L の加速度は、$\bm{n} = \dfrac{\bm{r}}{r}$ とすれば、

$$\ddot{\bm{r}} = -\frac{\eta}{r^2} \bm{n} \qquad \cdots\cdots 式①$$

となる。次に、位置ベクトル $\bm{r}$ と式①両辺とのベクトル積（外積）をつくると、

第3節　関係の完全性と運動の成分分解

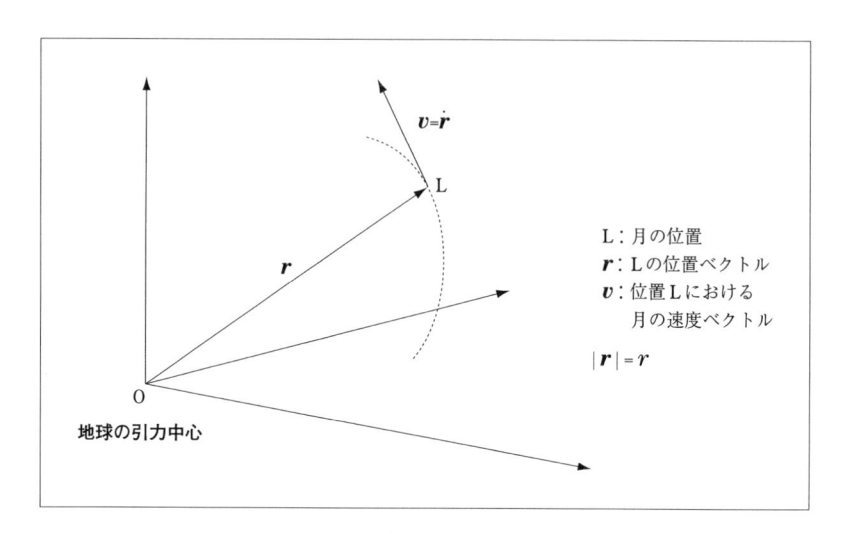

```
                    ↑
                    |          ↗ v=ṙ
                    |        ／
                    |      ／L
                    |    ／  ⌒
                    |  ／ r
                    |／              L：月の位置
                    O─────────→      r：Lの位置ベクトル
                   ／                v：位置Lにおける
                  ／                    月の速度ベクトル
                 ↙
          地球の引力中心             |r|＝r
```

$$r \times \ddot{r} = -\frac{\eta}{r^2} r \times n = 0 \qquad \cdots\cdots 式②$$

となる。また、$r \times \dot{r}$ を時間で微分したときの式

$$\frac{d}{dt}(r \times \dot{r}) = r \times \ddot{r} + \dot{r} \times \dot{r} = r \times \ddot{r}$$

を用いると、式②は

$$r \times \ddot{r} = \frac{d}{dt}(r \times \dot{r}) = 0$$

となるので、これを積分すると、時間によらない定ベクトル h を積分定数として、

$$r \times \dot{r} = h$$

が求まる。そして、ベクトル積の定義から h は位置ベクトル r と速度ベクトル $\dot{r}$ のいずれに対しても垂直であることから、月の位置Lは常に同一平面上にあり、月の面積速度（の2倍）が一定という、ケプラーの第二法則を表している。

　さらに、式①と h のベクトル積をつくると、

$$\ddot{\boldsymbol{r}} \times \boldsymbol{h} = -\frac{\eta}{r^2} \boldsymbol{n} \times \boldsymbol{h}$$

$$= -\frac{\eta}{r^2} \cdot \frac{\boldsymbol{r}}{r} \times (\boldsymbol{r} \times \dot{\boldsymbol{r}})$$

$$= -\frac{\eta}{r^3} \boldsymbol{r} \times (\boldsymbol{r} \times \dot{\boldsymbol{r}})$$

$$= -\frac{\eta}{r^3} \{(\boldsymbol{r} \cdot \dot{\boldsymbol{r}})\boldsymbol{r} - (\boldsymbol{r} \cdot \boldsymbol{r})\dot{\boldsymbol{r}}\}$$

$$= -\frac{\eta}{r^3} \{(\boldsymbol{r} \cdot \dot{\boldsymbol{r}})\boldsymbol{r} - r^2 \dot{\boldsymbol{r}}\}$$

また、上記の式変形でも用いたスカラー積（内積）$\boldsymbol{r} \cdot \boldsymbol{r} = r^2$ の両辺を時間で微分して得られる式 $\boldsymbol{r} \cdot \dot{\boldsymbol{r}} = r\dot{r}$ を使って、さらに変形すると、

$$\ddot{\boldsymbol{r}} \times \boldsymbol{h} = -\frac{\eta}{r^3} \{(r\dot{r})\boldsymbol{r} - r^2 \dot{\boldsymbol{r}}\}$$

$$= -\frac{\eta}{r^2} (\dot{r}\boldsymbol{r} - r\dot{\boldsymbol{r}})$$

$$= \eta \frac{r\dot{\boldsymbol{r}} - \dot{r}\boldsymbol{r}}{r^2}$$

$$= \eta \frac{d}{dt}\left(\frac{\boldsymbol{r}}{r}\right) = \eta \dot{\boldsymbol{n}}$$

となる。$\boldsymbol{h}$ は定ベクトルなので、変形により最後に得られた式を積分すると、定ベクトル $\boldsymbol{e}$ を積分定数として

$$\dot{\boldsymbol{r}} \times \boldsymbol{h} = \eta(\boldsymbol{n} + \boldsymbol{e}) \qquad \cdots\cdots 式③$$

が得られる。この式の右辺と $\boldsymbol{r}$ のスカラー積をつくると、

$$\eta(\boldsymbol{n} \cdot \boldsymbol{r} + \boldsymbol{e} \cdot \boldsymbol{r}) = \eta\left(\frac{\boldsymbol{r}}{r} \cdot \boldsymbol{r} + \boldsymbol{e} \cdot \boldsymbol{r}\right)$$

$$= \eta(r + \boldsymbol{e} \cdot \boldsymbol{r})$$

となり、また式③の左辺と $\boldsymbol{r}$ のスカラー積をつくると、

$$(\dot{\boldsymbol{r}} \times \boldsymbol{h}) \cdot \boldsymbol{r} = (\boldsymbol{r} \times \dot{\boldsymbol{r}}) \cdot \boldsymbol{h} = \boldsymbol{h} \cdot \boldsymbol{h} = h^2$$

となる。以上から式③は、

$$h^2 = \eta(r + \boldsymbol{e} \cdot \boldsymbol{r}) \qquad \cdots\cdots 式④$$

となり、ここで定ベクトル $\boldsymbol{e}$ と点 L（月の位置）を表す位置ベクトル $\boldsymbol{r}$ とがなす角を θ とすれば（次頁の図参照）、$|\boldsymbol{e}| = e$ として、式④は

$$h^2 = \eta r(1 + e\cos\theta)$$

となる。そして、原点 O から点 L までの距離 r と角度と θ の関係は、

$$r = \frac{h^2}{\eta(1 + e\cos\theta)} \qquad \cdots\cdots 式⑤$$

で表されることになる。この式⑤は $e=0$ のとき円、$0<e<1$ のとき楕円、$e=1$ のとき放物線、$1<e$ のとき双曲線をそれぞれ表す。ここからケプラーの第一法則は $0 \leqq e < 1$ の場合として証明されたことになる。

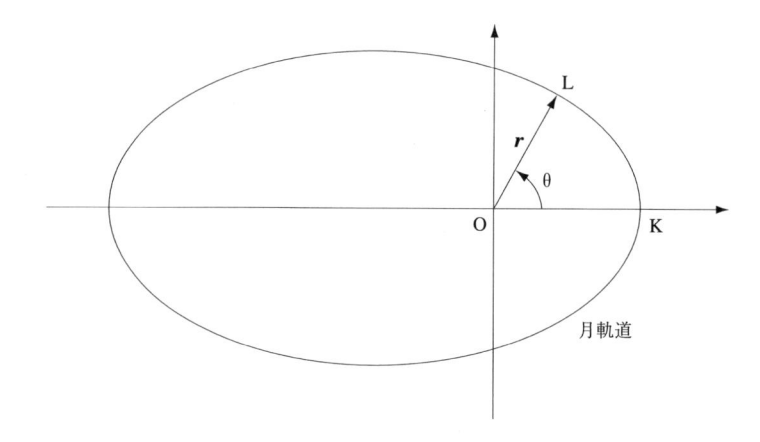

月軌道

ここからさらに、式③の両辺と h とのスカラー積をつくって、定ベクトル e と定ベクトル h とのスカラー積を求めると、$\dot{r} \times h$ と n は、いずれも h と直交することから、

$$e \cdot h = 0$$

となる。ここから、e は h と直交し、したがって r および $\dot{r}$ と同じ平面内にあることが分かる。また、角度 θ の定義から、定ベクトル e は月が地球に最も近くなる方向、つまり上図でいうと原点 O から K にむかう方向をもっている。この e は離心率ベクトルとも呼ばれるものであるが、ここで描かれた図をもとにすると、ケプラーの第三法則もまた証明される[11]。設定を変えて、地球と月を合わせた系の重心（質量中心）が慣性運動 v_0 の状態になることから、これと同じ慣性運動 v_0 を保ち、しかもこの系全体を俯瞰する視座

図1　　　　　　　図2

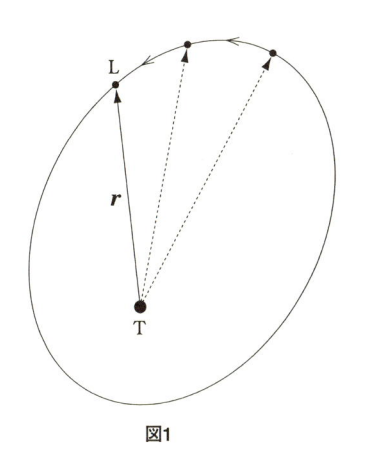

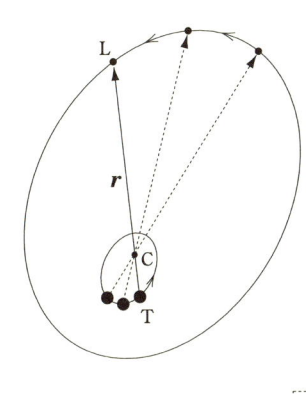

地球軌道の大きさは、分かりやすさのためにかなり誇張されている。

T：地球の位置
L：月の位置
C：系の質量中心
r：月の位置ベクトル

Cの位置ベクトルを r で表すと $\dfrac{M_L}{M_T + M_L} r$

が設定されると、地球と月の両者が π の位相差で、小さな楕円と大きな楕円をそれぞれ描いて運動していることも導かれる[12]。これによって、潮汐現象の解明に認められた、月にむかう海水の落下は、落下加速度に対してそのつど垂直な慣性運動が合わさるため、結果的に落ちてはいかないというメカニズムも説明される。このように、自由を獲得した理論的な視点は、計り知れないほどの成果をもたらしていく。そして、本書において最大の疑問であったこともまた、以上の帰結によって像を結ぶのである。

構想力の動揺と自由の深淵

　さて、式（＊＊）から得られる $M_L \ddot{r}_L + M_T \ddot{r}_T = \mathbf{0}$ は、月の質量 M_L と地球の質量 M_T からなる系の質量中心が静止（慣性運動 $\mathbf{v}_0$）の状態にあることを表していた。また、式（＊）を時間で2回微分した式 $\ddot{r} = \ddot{r}_L - \ddot{r}_T$ は、各時点において地球の位置Tから観測される、月の加速度ベクトルを表している。ここで改めて、このような理解がいかにして成り立ちうるのかを、観測者Sの側から、すなわち経験的（可分的）自我——としてのわれわれ——の側から考えてみることにしよう。

第3節　関係の完全性と運動の成分分解

両式とも、仮設された慣性系の座標原点（第一原則の観点）から r_L と r_T が定められ、これらの位置ベクトルをもとに立てられている。そして、作用反作用の法則をもとにすると、系の質量中心は慣性運動 v_0 の状態にあることが分かる。上記の第一式は、まさにこのことを示している。ひとたび式変形の操作にしてしまうと、この種の理解に付随する思考様式は背景に退いてしまうのだが、ここでは地球の引力と月の引力が互いに相殺されてゼロになり、また地球の加速度と月の加速度を同時に俯瞰する慣性運動 v_0 の視座に立つことが想定されている。つまり、ここではたとえば、互いにロープで引き合う大小２艘の船を観察する岸辺の視点に類比的な、いわば宇宙空間に静止した――慣性運動 v_0 の状態にある――視座が想定されているのである。実際、地球と月の軌道を表した前掲の図も、そのような視座に立つのでなければ描けない。観測者Ｓは、地上で観測される $r, \dot{r}, \ddot{r}$ を留保なく観測事実として認めながらも、すなわち地上の視点に立って $r, \dot{r}, \ddot{r}$ を計測しつつも、宇宙空間に構想される慣性運動 v_0 の視座から同じこの観測事実を理解する。しかも、慣性運動 v_0 の視点が、地球と月からなる系の質量中心を r_C として、

$$r_C = \frac{M_L}{M_T + M_L} r$$

のように定まると、仮設された r_L と r_T は不要となり、地上で観測・算定される $r, \dot{r}, \ddot{r}$ だけで観測事実の力学的な理解が可能となる（185頁の図１参照）。

以上から分かるように、観測者Ｓは地上の視点に立って $r, \dot{r}, \ddot{r}$ を観測ないし計測しつつ、仮説を構想するのに適した視座を求めている。観測者Ｓは一方で、月に働く地球の引力 f_T と月の加速度との関係を考え、他方ではまた、地球に働く月の引力 f_L と地球の加速度との関係を考えたのである。これはすでに検討した作用性の交互限定に相当する視点の移行にほかならない。観測者Ｓは宇宙空間に構想される慣性運動 v_0 の視座から、上記のように r_C を、地上の視点と月面上の視点とのあいだで交互限定したのである。そして、ひとたび地上で観測される r をもとに r_C が確定すると、観測者Ｓ

は質量中心Ｃを基準とした

$$r_\mathrm{T}' = -\frac{M_\mathrm{L}}{M_\mathrm{T}+M_\mathrm{L}}r$$

を、自らが立つ地球の各時点における位置として理論的に再構成する。同様にまた、観測者Ｓは各時点における月の位置を、質量中心Ｃを基準として

$$r_\mathrm{L}' = \frac{M_\mathrm{T}}{M_\mathrm{T}+M_\mathrm{L}}r$$

のように再構成する（185頁の図2参照）。以上によって、観測者Ｓは観測事実とその力学的な理解のいずれも損なうことなく、地上、月面上、質量中心など、あらゆる視点を自由に往復することができるようになっている。

　さらに観測者Ｓは、式（＊）を時間で2回微分した式 $\ddot{r}=\ddot{r}_\mathrm{L}-\ddot{r}_\mathrm{T}$ と、質量 M_L についての運動方程式、質量 M_T についての運動方程式、そして作用反作用の法則から、

$$\begin{aligned}\ddot{r}=\ddot{r}_\mathrm{L}-\ddot{r}_\mathrm{T} &= -\frac{\gamma}{r^2}\cdot\frac{r}{r}-\frac{\mu}{r^2}\cdot\frac{r}{r} \\ &= -\frac{\gamma+\mu}{r^2}\cdot\frac{r}{r}\end{aligned}$$

を導いている。この式はベクトル量で表される運動方程式、すなわち

$$m\boldsymbol{a}=\boldsymbol{f}$$

と同型であり、ただ1つの質量 m だけについて立てられた、静止または慣性運動 v_0 の観点を前提とする形式になっている。つまり、この式は地上で観測される――あるいは観測事実から算出される――月の位置ベクトル r とその加速度 $\ddot{r}$ の関係を表わしており、観測者の立つ大地が静止（慣性運動）の状態にあることを前提してよい形式になっているのである（182頁の図参照）。これと同時に、上式 $\ddot{r}=\ddot{r}_\mathrm{L}-\ddot{r}_\mathrm{T}$ は、加速度 $\ddot{r}$ が重力場における月の加速度 $\ddot{r}_\mathrm{L}$ と、同じ重力場における地球の加速度 $\ddot{r}_\mathrm{T}$ に分解され、また月と地球それぞれに相互配分されつつ $\ddot{r}$ が成り立つことをも表している。これによって、地上で計測される月の加速度 $\ddot{r}$ は、樹から落ちるリンゴと同様に一体問題として扱えるだけではなく、同じ $\ddot{r}$ が重力場における月の加速度 $\ddot{r}_\mathrm{L}$ と地球の

加速度 $\ddot{r}_\mathrm{T}$ から成ることもまた保持されているのである。これは本節の冒頭であげた子犬の図と同様に、実体性の形式で働く知性の働き方に応じた理解である。つまり、一にして同一の加速度は、γ が $\gamma+\mu$ に置き換えられた一体問題の月加速度 $\ddot{r}$ として限定しなおされることで、普遍的な重力（万有引力）の場における地球の加速度 $\ddot{r}_\mathrm{T}$ は除外される。しかも、除外されたこの加速度は消滅するのではなく、$\ddot{r}=\ddot{r}_\mathrm{L}-\ddot{r}_\mathrm{T}$ という式によって着実に保持されているのである。

　以上のように、観測者Ｓは地球の重力（引力）中心を静止の状態（慣性運動 v_0 の状態）として定立し、自らはこれを俯瞰する v_0 の視座から月の軌道を描き出していた。しかしこれが完了すると（184頁の図参照）、観測者Ｓは前掲の式

$$r_\mathrm{T}' = -\frac{M_\mathrm{L}}{M_\mathrm{T}+M_\mathrm{L}} r$$

によって、v_0 の視座が実は重力場において静止していないことを厳密に主張できる。地上に立つ観測者Ｓの視点も、地球を原点に静止させて月の軌道を俯瞰する v_0 の視座も、この式を時間で２回微分して導かれる加速度

$$\ddot{r}_\mathrm{T}' = -\frac{M_\mathrm{L}}{M_\mathrm{T}+M_\mathrm{L}} \ddot{r}$$

で、質量中心Ｃを一つの焦点として楕円運動しているのである（185頁の図２参照）。そして楕円運動は加速度を伴っている。観測者Ｓの視点はこのように、地上と月面上のあいだを往復しただけでなく、静止――慣性運動 v_0 ――の状態にありながら、しかも同時に加速度運動しているといった、きわめて特異な視座を保持している。そうでなければ、以上のような力学的理解は、まったく不可能か無意味な企てでしかなかったことになるのではないか。観測者Ｓ（経験的自我）は、互いに異質な視点のあいだを往還・動揺することで、たとえば静止と運動のような、完璧に対立（反立）し合う二様の事柄をも、相互が対立するまま両面的に保持する。そして観測者Ｓは、地球をめぐる月楕円軌道の解明によって、観測事実と理論的な理解をともに維持し、

さらには上掲二様の軌道図（185頁の図1と図2）がいずれも成り立つ理路を自発的に創出していた。これによって観測者Sは、対立（反立）し合う観測事実と理論的な理解が互いに補完し合うよう、両者を段階的に、次々と交互限定していたのである。経験的な自我の働きに認められるこの能力を、フィヒテは「構想力 Einbildungskraft」と呼んで、ものごとを理解する人間の理論的な能力、すなわち知性の基本的な能力としてその働き方を定式化している（359）[13]。これはカントの法廷モデルに認められた、純粋統覚を破綻なく保全する生産的構想力という謎めいた性格に、厳密かつ理論的な性格づけを施したものであったといえる。

仮説構想的な視座は経験世界における実効的な確証を旨とし、あるときは静止した地球をめぐる月の運動を力学的に理解し説明する可能性を与えたかと思うと、即座に地球の静止を否定して、今度は地球と月からなる系（システム）の質量中心を確定することにより、そこへむかう地球の加速度から潮の満干を説明する可能性を開いていた。このように移行する視点から、観測者S（経験的自我）はさらに、太陽をめぐる地球運動の力学的な解明に進み、万有引力の法則に従ってあらゆるシステムを相対化しつつ呑み込んでいく。そして、全宇宙の質量中心（引力中心）を俯瞰する絶対的な視座が、究極的な境地として目指されていたのである[14]。フィヒテの三原則が示す機能的なダイナミズムはこれと相即している。その全プロセスを通じて、これほど矛盾めいた各視点の設定に自由を保障するだけではなく、静止と運動の区別をも突破する超越論的な視座の真相が、ここで明確に浮上している。

観測者Sは、有限でありながら無限なものに迫ろうとする人間の知性を、究極ともいえる自由なパースペクティヴ——いかなる視点からの仮説構想をも許す超越論的視座——へと解き放っていた。これによって観測者Sは、想定可能なあらゆる視点のあいだを自由に往復する。それでもなお、ここまでの議論は、動く船からの観察など、地上で確認される運動現象の理解に始まり、地上で検証される朝汐現象の力学的な説明に立ち返っている。こうした議論のプロセスが示しているように、観測者Sは経験世界という自己の

第3節　関係の完全性と運動の成分分解　189

生きる場へと不断に回帰していたのである。このように、自我（観測者Ｓ）にとっては、自らのおかれた唯一の経験世界こそがアルファーにしてオメガであったことになる。

　かくして、第一章からの懸案であった視座の秘密は、フィヒテ初期の知識学をニュートン力学の精密な理論構成に適用したとき、以上のように明らかなものとなる。フィヒテはまず間違いなく、ニュートン力学の理論構成にも耐えうるように、自らの知識学を厳密な体系へと錬成している。もとより、ニュートンは客観世界で普遍的に成り立つ、コペルニクス主義の精密かつ強靭な力学体系を打ち出していた。これに対してフィヒテは、客観世界と呼ばれる表象の必然的な体系の成り立ちに加え、主観――知性としての自我――という表象作用の働き方・機能様式すべてを含む、いわば一切の知が現象する普遍的な場としての自我を主題化し、その構造とダイナミックな諸機能を体系的に浮かび上がらせている(15)。そうすることで、フィヒテはコペルニクス的転回に秘められていた謎を、経験的に認識可能な諸法則にそくして余すところなく究明したのである。

　本章で確認したように、革命的な思考様式は、リンゴの落下、動く船での自由落下、動く船から見た、大地で起こる物体の自由落下、等々へと還帰しつつ、天界に観測される運動諸現象の力学的な解明に迫っていた。そして、地上と天上を往復する仮説構想的な視座は、経験世界の奥行きへとむかう洞察を拠点とし、単なる空想や幻想からではなく、経験の深みからその原動力と確証を獲ていたのである。フィヒテの知識学をニュートン力学に適用すると判明するように、両者にとって「コペルニクス的転回」とは、仮説を構想する自由なパースペクティヴから、あたかも静と動を隔てる底無しの深淵そのものともいえるような〈試練＝創造〉の場、すなわち、われわれが生きる唯だ一つの経験世界へと不断に「回帰」することであった。フィヒテはその深淵から、コペルニクス的転回の哲学を、近代におけるその絶頂にまで聳え立たせていたのである。

190　第三章　知識学の三原則と力学的体系構成

結　語　革命的思考法の老朽化と幻想論理

　コペルニクス的転回は、コペルニクスからニュートンに至る近代科学のパラダイムを、その根本から形成する革命過程の機軸であった。しかし、それだけではない。この転回は哲学思想の領域においてもまた、とりわけ初期ドイツ観念論が発展を遂げるための決定的な原動力として、あるいは発展のために必要な思考様式の模範として、その役割を着実に果たしたのである。では、フィヒテを通過点として、コペルニクス的転回は歴史上どのような道をたどったのであろうか。

　ニュートン力学という一完成形態をとったコペルニクス的転回は、この転回によって形成された近代科学の——同時にまた宗教・政治的な——パラダイムのもとで、急速に発展する西欧近代の資本主義と連携し、諸科学の絶え間ない《刷新＝革命》過程を永続化させる。そして、この過程と連動するかのように、カントを経てフィヒテの思考様式に結実したこの《転回＝革命》は、近代社会そのものをかたどる最広義のパラダイムとして、現在でもなお機能しつづけているのである。この点で西欧近代とは、コペルニクス的《転回＝革命》が人間活動の諸領域にむけて、それらの末端までを制覇する、いわば「革命輸出のプロセス」にほかならなかった。初期ドイツ観念論の展開という、およそ自然科学とは縁遠いと思われる人間活動の領域がその顕著な典型を示しているように、このプロセス（Prozeß, 訴訟過程）は各領域へと派生しつつ根を広げていったのである。こうして、革命輸出により各方面を侵食していったコペルニクス主義は、西欧近代の経済・政治的な膨張過程と一体になって、今日では全地球規模にまで普遍化を遂げている。

　西欧に由来する近代資本主義のもとでは、加速度的に増殖する性格をもっ

た資本に各種の規制が加えられ、結果的に人間活動全般がそのつど統制・統合される——動的な均衡へともたらされる——ことで、社会が全体としての秩序を維持している。しかしながら、加速度的な増殖を基調とする経済・政治体制といった、近代資本主義の特異なメカニズムが成立することは、如何にして可能であったのだろうか[1]。

　前近代において、社会全体の広範な秩序は、余剰生産物を収奪する権力が直接間接に、軍事を基調としたその統制力へとアクセスすることで維持されていた。こうした秩序のもとでは、余剰の生産とその統制こそが基本であり、人的および物的な諸条件を含む生産力と、それを基底として成り立つ各種の利権が第一次的であった。そして、物資その他の流通ということは、たかだか二次的な機能しか果たさない場合が大半であり、物流はまず物があってこそ意味をもつ付随的な事柄として理解されていたのである。実際、資材、労働力、情報、その他、いかなるものであっても、それを流通させるためには、生産とは別建ての労力が格段に必要であった。事物の動き（流通）には力が必ず伴っており、力が失われると、いかなる動きもたちまちにして静に帰す。戦時下の状況でもないかぎり、人や物資が絶えず流動することはなかったであろう。前近代においてはこれが常識であり、常識はおのずと以上のような社会形態を培地にして形成・維持され、思考様式の末端に至るまで普遍化を遂げていたのである。

　ところが、近代社会では、物資、人材、サービス、情報、等々の流通が常態化している。資本や債権までが株式や各種の有価証券へと商品化されて流通する。それらはむしろ、何らかの外的な強制力が働かないかぎり、現に呈している動きをそのまま維持しているのである。近現代の資本主義体制は、事実、このことを前提として成り立っているのではなかろうか。前近代の観点からすると、戦時に見られるような大規模かつ社会生活の細部にまで及ぶ広範な流動が、近代社会では常態化しているのである。われわれは今日、あたかも慣性の法則が示しているように、不断の流通ということが自明化して、動と静が区別を失った社会で生活している。現代人はようするに、常に

動いていながらそれを感じさせない大地——経済生活の基盤——の上で、何の疑問もなく日々を過ごしているのである。

　しかしながら、この宇宙がそうであるように、慣性運動は秩序をもたらさない。ニュートン力学が教えるところによると、万有引力がすべての加速度を規制しているからこそ、物質宇宙はその秩序を維持している。近代社会はこれに倣い、万有引力さながらに価値を収奪しつつ自己増殖する媒体、すなわち資本が加速度的な変化を遂げる傾向に、力学の諸法則とよく似た規制を張りめぐらせたのではなかろうか。動く大地のように流通が常態化した社会では、物質宇宙と同様、加速度を制御するメカニズムだけが秩序の形成を成し遂げる。この点で近代社会の発展は、天界の理解にむけてニュートンが完成させたコペルニクス主義を、われわれ人間の諸活動へと大規模に適用することで緒についたともいえそうである。

　しかも、本論で示したように、コペルニクス的転回はあらゆる視点への移行を保障することで、いかなるシステムであろうともその相対化を可能にする。これによって、コペルニクス的近代は異質な諸システムをすべて呑み込みながら、静と動の区別を失った経験世界へと回帰し普遍化する。かつてマイモンが、フィヒテ宛書簡において、コペルニクス革命に言及しながら「今や哲学を天界から地上へと呼びもどす時である」と述べたことは、単なる譬喩を遥かに超えた意味をもつのではなかろうか。現に西欧近代は、あたかもマイモンの呼びもどしに応じるかのように、以上のようなコペルニクス主義を、人間活動の末端にまで張りめぐらせる革命輸出のプロセスとして、その後の歴史を絶え間なく衝き動かし、この現在に至っている。

　古典的な科学革命論では、コペルニクスを契機とする科学革命が、近代を前近代から分断したとされていた。この歴史観は、たしかに、現在まで各方面からさまざまな批判に晒されてきている[2]。しかし、近代のパラダイムを近代社会そのものの成り立ちという地平で理解しようとするならば、科学革命論の洞察はやはり核心部を貫いていることが分かる。そこになお欠点があるとすれば、この洞察といえども、コペルニクス、ガリレオ、ニュートン、

カント、マイモン、フィヒテらの呈示していた前代未聞のパースペクティヴを、理解しそこなっていた点であろう。近代のパラダイムは、不断の流通に抗する各種の障壁を次々に突破しながら、ありとあらゆる人間活動の領域を、上記のような静かつ動の大地へと編入しつづけているのである。

　コペルニクスを起点とする革命的な思考様式は、ガリレオのもとでローマ・カトリックの信仰態勢を世俗から自立化させる理論装置として、相対性原理にまで洗練される[3]。この原理はしかし、その後ほぼ半世紀を経て、アングリカニズムをカトリックの宗教・政治体制から切り離す、画期的な世界像を完成させている。そして太陽系システムの引力中心という、大地とは別の中心をもつニュートン力学的な世界体系は、原動力と確証をこの大地における経験から獲得する不断のコペルニクス的回帰によって、次第にその全貌を浮かび上がらせていくのである[4]。こうしたプログラムの宗教・政治的な背景には、人類の救済事業をイエス・キリストから委ねられたローマ教会——キリスト教信仰の霊的中心——から距離をとりつつ、しかもその中心を何ら損なうことなしに、被造世界に刻まれた神の意志に迫るといった、アングリカニズムのイデオロギー戦略が控えている。そしてこの戦略は、カントを通じてルタートゥムの実践信仰へと、批判的に継承されるのであった。カントのアプリオリスムスは、思弁的な学問で武装した宗教権威に対して、信仰と個人霊魂の尊厳を譲り渡す傾向を断固として批判し、その一方で感覚的・経験的な領分に霊魂の営みをすべて回収する傾向に抗するピエティスムスのイデオロギー装置へと、コペルニクス主義を大胆に改造したものである[5]。

　しかしながら、イングランドからカントを介してドイツの哲学・思想領域へと輸出されたコペルニクス革命は、フィヒテの後、シェリングを境に急速な衰退を遂げていく。この革命はやがて、ほとんど見る影もないほど矮小化され、厳密さとは無縁な、いわば幻想文学的な疑似革命へと退化する。コペルニクス主義は、フィヒテが18世紀末に革命的な哲学の思考様式へと鍛え上げたのも束の間、盛期ドイツ観念論を彩る思弁的な概念遊戯と化して19世紀へと継承されるのであった。衰弱したミネルヴァの老梟は、夕暮れとも

なると、もはや幻想のなかでしか飛翔できなくなっていた。フィヒテの打ち出した厳密な理論装置は、敗北主義さながらの幻想文学的な歴史観を背景に、何でも言えるが何も言っていない普遍的な空文句に堕して終わる。かくして、老梟がドイツ近代の悲劇というにはあまりにも陳腐な顛末を迎えたのを最後に、哲学領域の編入を終えたコペルニクス的転回は、現実の歴史が進展するさなか、いかなる人間活動の領域にむけても視点を移行できる、ほとんど無際限に自由なパースペクティヴへと普遍化しつつ、近代のパラダイムを、現在でもなお拡大強化しつづけているのである。

註

第一章

(1) Vgl. H. M. Baumgartner, *Kants „Kritik der reinen Vernunft"*, 1985, 3. Aufl., Alber, Freiburg・München 1991, S. 39.
(2) I. Kant, *Kritik der reinen Vernunft*, 1781, 2, Aufl., 1787. 慣例にしたがって、たとえば第二版10ページを（B10）のように表記し、本書ではこれを本文中に示す。なお、引用文中の〔　〕内は引用者の補足を、また〔……〕は省略をそれぞれ表している。この表記法は他の論文・著作でも同様とする。
(3)(4) W. Windelband, *Die Geschichte der neueren Philosophie*, Bd. 2, 1878-'80, 7. und 8. Aufl., Leipzig 1922, S. 80.
(5) *Ibid.*, S. 81.
　コペルニクス的転回（Kopernikanische Wendung）を、その立場がもつ特性に注目して捉える解釈にも、ヴィンデルバントとは著しく異なった解釈がある。たとえば、超越論哲学の立場は「我あり。我思う」といった、受容性と自発性の接触点かつ分岐点として、認識能力の共通の根であると同時に２つの幹へと分かれていく「論理的統覚 logische Apperzeption」にほかならず、超越論的な理性批判はまさにこの「最高点 der höchste Punkt」に回帰する（P. Baumanns, *Kants Philosophie der Erkenntnis: durchgehender Kommentar zu den Hauptkapiteln der „Kritik der reinen Vernunft"*, Königshausen und Neumann, Würzburg 1997, S. 78）。この解釈では、以上のような論理的統覚へと回帰して、認識論を遂行する「思考法の革命」がコペルニクスの譬喩で示されており、そうした立場がコペルニクス主義に相当することになるだろう（vgl. *ibid.*, S. 78f.）。ただし、カントの主張する「受容性 Rezeptivität」と「自発性 Spontaneität」をもとに、あたかも形式を付与する作業のように理解する傾向は、厳しく斥けられている（*ibid.*, S. 79）。この解釈はフィヒテ的なコペルニクス主義の立場ないし視座——自我の働きを受動と能動の交互限定と

して追究する独特のパースペクティヴ——に類似する面がある。本書第三章参照。なお、立場に力点をおく他の諸解釈は、ほぼヴィンデルバントの延長線上に位置づけうるため、本書の構成にそくして本章第二節の本論および註で検討することにしたい。

(6) 拙稿「コペルニクス的転回と理性の法廷」『成蹊法学』第 38 号（成蹊大学法学部、1994 年 1 月）55-118 ページ所収、63 ページを参照されたい。

現在に至るまでの標準的なカント哲学の解説書・研究書においても、「実験的方法 Experimentalmethode」（BXIII Anm.）に力点をおきながら、この構図を採っているものが多い。代表的なものを以下にあげておく。

① O. Höffe, *Immanuel Kant*, München 1938 ［薮木栄夫『イマヌエル・カント』（法政大学出版局　1991 年）］.

「何よりもまず彼は、主観の客観に対する新たな姿勢を基礎づけたのである。認識はもはや対象に則るべきではなく、対象が我々の認識に則るべきなのである」（同訳書、48 ページ）。「カントのコペルニクス的革命が意味したのは、客観的認識の対象はそれ自体によって現象するのではなく、（超越論的）主観によって現象としてもたらされなければならない、ということである」（同、49 ページ）。

② 高坂正顯『カント解釈の問題』（弘文堂書房、1939 年）。

「我々は批判の本文に於いて、いかに知覚の世界が初めて時間と空間によって成立し、更に経験の世界が悟性概念によって初めて成立するかを彼が証明せんと試みたかを熟知している。知覚の世界から時空の形式をのぞいたら何が残るか。また経験の世界から悟性概念を除いたら何が残るか。これに反して、時空の形式を『感覚の雑多』に投入れるならば何が生ずるか。更にそれに加へるに悟性概念を以つてすれば如何なる結果が生ずるか。カントの言葉を藉りるなら純粋理性の実験 dieses Experiment der reinen Vernunft BXX を試みることによって、彼は経験そのものの構造を明らかにせんとし、またそれによって悟性概念の確実性、客観妥当性を証し、よつてもって先天的認識を哲学の体系の内に包含し、かくてまた自然科学を基礎づけんとしたのである。これは明らかに一つの実験的方法の哲学に対する適用であつただろう」（同書、46-47 ページ）。したがって、コペルニクス的転回（Wendung）とは、実験的方法を自然科学の問題領域から哲学の問題領域へと拡大して適用

(Anwendung) したことだということになる。
③ 岩崎武雄『カント「純粋理性批判」の研究』(勁草書房、1965年)。
「『純粋理性批判』の意図するところは、〔……〕自然科学の成功の原因を実験的方法に見出し、この実験的方法を導入することによって形而上学を確実な学として打ち立てようとすることにあったと言うことができるだろう」(同書、24ページ)。ただし、この研究書では、実験的方法と認識論的主観主義とを必然的にむすびつけているカントが、厳しく批判されている(同、24-31ページ)。
④ 高峰一愚『カント純粋理性批判入門』(論創社、1979年)。
「カントはおそらく、今まで、人間の主観を静止した鏡(天動説では地球)のように考え、そこへ外界の変化(天動説では天体)がそのまま映ってくると説かれていた知識の説明に対して、人間の主観(地球)こそがそのうちから能動的にその認識能力を発揮して、外界の世界(天体)を認識として構成するのだとして、人間の主観を静態から動態へと転じせしめたところに、天動説から地動説へのコペルニクス的転回との類比を見たとすべきでしょう」(同書、51ページ)。
また、カント認識論の発展的解釈においても、主観のもつ自発性に重きをおく「コペルニクス的転回」の理解が一つの主流をなしている。
⑤ G. Prauss, *Einführung in die Erkenntnistheorie*, 1980, 2. Aufl. Darmstadt 1988 [中島義道 他訳『カント認識論の再構築』(晃陽書房、1992年)].
この研究では、認識としての知覚が成立する構図として、内的世界と外的世界との関係が採用される。しかし、内的世界に与えられる表象やセンスデータは、いわば材料として所有されるにすぎないこと、それゆえまた、それらがそのまま知覚作用の対象となっているわけではないことが強調される。そして、同研究では、内的世界に与えられる表象やセンスデータを材料にして「定=解釈 Er-deutung」されたものこそが外的事物にほかならない、と指摘されている。こうした知覚作用の自発性が認識論のなかで重視されないのは、模写説の見解が遠く古代ギリシアのエレア派からフレーゲまでをも呪縛してきたからである。同研究ではこのように問題が整理され、カントの立場はこうした呪縛を暴露しており、模写説的見解から知覚の自発性理論へと転回したことが「コペルニクス的転回」の真意だと述べられている。「それ

〔コペルニクス的転回〕はカントが彼の経験の理論とともに『純粋理性批判』の中で遂行しているものである。すなわち物の真または偽である認識は、その物の単なる模写としては成立しないということである。その意味は、この認識はあの感性の受容性を越えてさらに悟性の自発性を含んでいるので、解釈として複合的な構成体をなしているということである。しかしそれだけではなくそれが特に意味しているのは、認識される物それ自身は、その認識がこの悟性の自発性を含んでいなければならないかぎり、この認識から独立にすでにいつも出来あいのものとして眼前に与えられていて、その上もっぱら模写されなくてはならないものとして存在しうるのではないということである。物はむしろ解釈する認識自身によって初めて〈定＝解釈〉されたり〈定＝解釈〉されうるものであり、まさにこの解釈にそのまま従属している。知覚としての認識は、模写説が考えているようにおよそ知覚作用が知覚されるものに従属する関係ではなく、むしろ逆に〈定＝解釈〉を受ける知覚されるものが、解釈としての知覚作用に従属する関係として成立するのである」（同訳書、168 ページ）。

以上の解釈では、ヴィンデルバントの表現を援用するならば、対象性を産出する側の理性にもっぱら焦点が定められており、表象と理性の機能をともに眺めわたして両者の関係を説明する側の理性は、背景に退いてまったく主題化されない。ところが、まさしくこの点に鋭い吟味をくわえる「コペルニクス的転回」の解釈が、ヴィンデルバントの系列上に存在している。次にその解釈をあげておくことにしよう。

⑥ E. Lask, *Die Logik der Philosophie, und Kategorienlehre*, 1911, in: E. Herrigel (Hg.), *E. Lasks Gesammelte Schriften*, Bd. 2, Tübingen 1923.

もしも仮にカントの業績が「認識問題を心理発生的な問題と見ず、純粋な思弁的理性の批判と解した」ことだとすると、かれは旧来の合理論へ回帰しただけだということになる。また、仮にカントの業績が、対象の探求に対して「認識すること」の検討を先行させたことだとすると、かれはデカルトやロックの業績を一歩も出ていないことになる。では、コペルニクスの業績と肩を並べるカントの業績とは何であるのか。それはすなわち「存在という概念を超越論的論理の概念のうちに移入したこと」にほかならない（*ibid.*, S. 28）。このことを通じて、カントは哲学の問題を「客観 - 主観 - 二重性 Objekt-

Subjekt-Zweiheit」の土俵から「超越論的論理の意識内実と対象との関係 Verhältnis zwischen transzendental-logischem Erkenntnisgehalt und Gegenstand」の土俵へと転換した（*ibid.*, S. 29）。ラスクはこの転換をカントの「コペルニクス的業績 die Kopernikanische Leistung」としている（ibid.）。カントは存在を対象とした認識（存在認識）に対して認識論的な批判を実行しているが、この認識論的な批判そのものは、そもそも如何にして可能であるのか。認識論的な批判そのものもまた、ある種の認識（哲学的認識）にほかならない。このため、存在認識を批判する後者の哲学的認識に対しても、さらに批判（メタ批判）がなされなければ、前者の認識論的な批判が妥当性をもつのか否かは不明である。したがってラスクによると、カントの構想を完成させるためには、哲学的認識に対する批判的な吟味という、高次の批判（メタ批判）が不可欠なものとなる。そしてラスクは、哲学的認識にむけられた高次の批判を「哲学的認識理性の批判」と呼んでいる（*ibid.*, S. 24）。すなわち、ヴィンデルバントが認識論において「表象と理性の機能との関係を説明する側」においた、傍観する理性をも批判にかける、といった課題設定になっているのである。この課題が遂行されれば、物自体とは無縁に、すなわち理性の内部でカントの演繹論が達成されることになる。その中身についてここで詳論する余裕はないが、かれは以上のような設定で、超越論的論理から単なる形式論理（超越論的仮象の源泉）が生まれてくる、そのメカニズムを解明している（*ibid.*, S. 137ff.）。この解明により、ラスクはカントの提示した演繹論だけではなく、カント的な弁証論の課題をも首尾一貫してコペルニクス的な立場において達成する。こうしたラスクの試みは、後期西南カント学派の特殊な問題意識に彩られたカント解釈であるとはいえ、少なくとも著者の知るかぎり、本書の主題でもある「コペルニクス的転回」にむけた、20世紀最大の研究成果である。

なお、現在でも根強い〈主観 - 客観〉関係におけるコペルニクス的転回の解釈を、総括的に批判した研究としては、次のものがあげられる。

⑦ F. Münch, *Erlebnis und Geltung* (*Kantstudien*, Ergänzungshefte, No. 30), Würzburg 1913, 2. Kap., S. 6-46.

この同研究によると、コペルニクス的転回の真意は、認識論が「基本におく対立」を〈主観 - 客観〉から〈形式 - 質料〉に置き換えたことである（*ibid.*,

S. 18)。
(7) Cf. H. J. Paton, *Kant's Metaphysic of Experience*, vol. 1, 1936, rep., London・New York 1970, p. 75；高峰一愚、前掲（6）研究書、50-51ページ参照。
(8) H. Cohen, *Kommentar zu Kants Kritik der reinen Vernunft*, 1907, 5. Aufl., Hildesheim, New York 1978, S. 2.
(9) *Ibid.*, S. 4.
(10)(11) E. Cassirer, *Kants Leben und Lehre*, 1918, 2. Aufl., Berlin 1921, S. 161 ［門脇卓璽他訳『カントの生涯と学説』（みすず書房、1986年）158ページ］。また、牧野英二『カント純粋理性批判の研究』（法政大学出版局、1989年）52-54ページ参照。
(12) *Ibid.*, S. 159 ［同訳書、156ページ］。
(13) Vgl. H. Cohen, *Kants Theorie der Erfahrung*, 1872, 3. Aufl., Berlin 1918, S. 9 u. 187. 科学と哲学とは、歴史的に発展する「学的理性」の二側面にほかならず、科学が自らの根拠を問うことが即ち哲学である、とされている。
(14) N. Kemp Smith, *A Commentary to Kant's 'Critique of pure reason'*, 1918, 2nd ed., London 1923, p. 23f.
(15) *Ibid.*, p. 25.
(16) K. R. Popper, *Conjectures and Refutations*, 1963, 2nd ed., London 1965, p. 181 ［藤本隆志 他訳『推測と反駁』（法政大学出版局、1980年）302ページ］。比較的最近の解説書にも、カントのコペルニクス的転回は太陽中心体系のように人間を中心から引き離したのではなく、むしろその逆で、人間を自然界の中心に立たせたとするものがある（S. Gardner, *Kant and the Critique of Pure Reason*, Routledge, London・New York 1999, p. 42）。ただし、カントはこの転回によって認識の客観を現象にかぎり、経験（認識）を可能にするア・プリオリな条件の究明にむかうとともに、前コペルニクス的な哲学が認識から独立な物自体の認識に携わるといった、矛盾に陥っていることを証明したとされている（cf. *ibid.*, p. 49f.）。
(17) K. R. Popper, *op. cit.* (16), p. 181 ［上掲訳書、302ページ］。
(18) F. Kaulbach, *Philosophie als Wissenschaft.—Ein Anleitung zum Studium von Kants Kritik der reinen Vernunft in Vorlesungen*, Hildesheim 1981, p. 29 ［井上昌計 訳『純粋理性批判案内——学としての哲学——』（成文社、1984年）

25 ページ].
(19) *Ibid.*, S. 32 [同訳書、30 ページ].
(20) Ibid. [同訳書、31 ページ].
　　本邦の研究でほぼこの路線の解釈を与えていると思われるものとしては、たとえば次の研究書があげられる。
　　有福孝岳『カントの超越論的主体性の哲学』(理想社、1990 年) 特に 118-122 ページ参照。
　　長倉誠一『カント知識論の構制』(晃洋書房、1997 年) 特に 81-82 ページ参照。
　　香川豊『カント『純粋理性批判』の再検討』(九州大学出版局、1998 年) 特に 82-85 ページ参照。
(21) この種の誤解は今日の研究にも散見される。たとえば「常識に反する逆転を試みることだけが『コペルニクス的転回』の内容を成すのではなく、その逆転とともに、自らの眺める立場を逆転して、不動の中心の立場から対象を眺めねばならぬ、というこの第二の点がそれの不可欠の要素を成している」(黒積俊夫『カント批判哲学の研究』(名古屋大学出版局、1992 年) 12 ページ)。
(22) コペルニクスを例に述べられた「思考法の革命 (転回) Revolution der Denkungsart」は、純粋理性批判の第二版序文において、当初の表現「革命」に代えて「改造 Umschaffung」や「変更 Änderung」という語で約 14 回ほど論及されている (K. Vorländer, *Immanuel Kant: Der Mann und das Werk*, 1924, 2. erweiterte Auflage, Felix Meiner Vlg., Hamburg 1977, S. 266)。それらの論及箇所では、数学や自然科学その他に認められる思考法の革命が、学問の成立にとってどのような意味をもったのかという議論になっている。それゆえ、当時の一般読者にとってアピールしやすかったコペルニクスの例だけを、あまりに特権化してカントの意図に迫ろうとするのは、かえって危険なことかもしれない。学問の成立をめぐる複数の事例が、カントによって議論されている以上、それらを一連の文脈で捉えることで、むしろコペルニクスをもその路線上で理解できるよう解釈しなければならないともいえる (vgl. *ibid.*, S. 266f.)。本節では基本的に、こうした K・フォアレンダーの研究姿勢に倣って、数学や自然科学の前例にあたりつつコペルニクス的転回の解釈を試みる。しかし、以下では学問の成立事情を一般的に論じるのではなく、具体例を題材に検討しながらも、その背景に法廷モデルないし理論闘争の場を探る方針がとられる。

(23) 石川文康「良心の法廷モデル」浜田義文・牧野英二編『近世ドイツ哲学論考』（法政大学出版局、1993 年）所収を初めとして、以下のものを参照した。
F. Kaulbach, *op. cit.* (18).
浜田義文「法廷としての『純粋理性批判』」『法政大学文学部紀要』第 31 号（1993 年）所収。
石川文康「理性批判の法廷モデル」『理想』第 365 号（理想社、1987 年）所収。
平田俊博「純粋理性の批判と現代——理性の法廷をめぐる司法モデルと立法モデル」前掲『近世ドイツ哲学論考』所収。
なお、法廷モデルとの関わりでコペルニクス的転回を理解する研究としては、石川文康「カントのコペルニクス的転回」浜田義文編『カント読本』（法政大学出版局、1989 年）所収を参照。

(24) 哲学的認識——概念による理性認識——と数学的認識——概念の構成による理性認識——との相違（vgl. A713＝B741）については、薮木栄夫『カントの方法——思惟の究極を求めて——』（法政大学出版局、1997 年）6-12 ページ参照。カントは数学と哲学が自然科学において互いに提携することを認めつつも、一方の方法を他方が模倣する企てについては、これを端的に却下している（vgl. A726＝B754）。本書では、以下の議論が示すように、哲学が数学の方法を模倣することとは一線を画している。すなわち、以下の議論は、数学の方法ではなく、数学的認識が成立する土俵——討議の場——を問題にするのであって、数学の方法からではなく、数学的認識が成立する土俵の特性から哲学が倣うべきことを学ぶ、という点に着目するのである。

(25) H. Diels-W. Kranz (Hg.), *Die Fragmente der Vorsokratiker*, Bd. I, 1903, 11. Aufl., Weidmannsche Verlagsbuchhandlung, Zürich・Berlin 1964, 11 A 20 (Procl. *in Eucl.* 250, 20 Fried.).

(26) タレスの生没年の推定については、たとえば次の文献を参照。
E. Zeller, *Die Philosophie der Griechen in ihrer geschichtlichen Entwicklung*, 1. Teil 1. Abt., Georg Olms, Hildesheim 1963, S. 254, Anm.
G. S. Kirk & J. E. Raven, *The Presocratic Philosophy*, Cambridge UP 1962, p. 74, n.

(27) Aristoteles, *Metaphysica*, A 3. 983 b 20.

(28) 伊東俊太郎『ギリシア人の数学』（講談社、1990 年）104 ページ。

(29) この証明に関するカントの議論については、たとえば、cf. M. Friedman, *Kant and the Exact Sciences*, Harvard UP, Cambridge・Massachusetts・London 1992, pp. 56-59 ; C. Parsons, "The Transcendental Aesthetic", in : P. Guyer (ed.), *The Cambridge Companion to Kant*, Cambridge UP, Cambridge・New York 1992, pp. 62-100, on p. 77f.
(30) H. Diels-W. Kranz, (Hg.), *op. cit.* (25), Bd. I, 11 A 1 (Diogenes Laertius. I, 27, fr. 21 Hill.); 11 A 21 (Plin. N. H. XXXVI 82).
(31) Vgl. G. Martin, *Immanuel Kant. Ontologie und Wissenschaftstheorie*, 4. Aufl., Walter de Gruyter, Berlin 1969, S. 30 [門脇卓爾 訳『カント——存在論および科学論——』（岩波書店、1962 年）35 ページ参照］。
(32) Vgl. H. M. Baumgartner, "Zur methodischen Struktur der Transzendentalphilosophie Immanuel Kants——Bemerkungen zu Rüdiger Bubners Beitrag", in : E. Schaper u. W. Vossenkuhl (Hg.), *Bedingungen der Möglichkeit*, S. 80-87 [藤澤賢一郎 訳「カントの超越論哲学の方法的構造について」竹市明弘 編『超越論哲学と分析哲学』（産業図書、1992 年）所収、特に 112 ページ参照］。
(33) カントのカテゴリーについては、今日でも次の古典的な研究が参考になる。K. Reich, *Die Vollständigkeit der kantischen Urteilstafel*, 1932, Felix Meiner Vlg., Hamburg 1986.
(34) Cf. C. Orrieux, *Histoire Greque*, P. U. F. 1995, pp. 36-52, 65-69.
(35) Cf. R. Gotshalk, *The Beginnings of Philosophy in Greece*, University Press of America, Lanham・New York・Oxford 2000, pp. 25-9.
　　旧諸王国を襲撃して破壊し、青銅器文明そのものの崩壊を招く一つの引き金となったとされる、いわゆる「海の民 Sea Peoples」について詳しくは、cf. R. D. Barnett, "The Sea Peoples", in : *The Cambridge Ancient History*, Vol. II, Pt. 2, Cambridge UP, 1975, pp. 359-378.
(36) 前 10 世紀末から前 9 世紀までに、ギリシアが再生にむかったことについては、たとえば、cf. A. M. Snodgrass, *The Dark Age of Greece*, Edinburgh UP, Edinburgh 1971, pp. 402-16. また、前 9 世紀頃に宗教的な儀式に関連する建物が現れていることについては、cf. *ibid.*, pp. 402-4. さらに、いわゆるギリシア暗黒時代の末までに、それまでとはまったく異なった新しい戦闘様式が開発

されたことに関しては、cf. C. Orrieux, *op. cit.* (34), pp. 59-61.
(37) 特に、ギリシア古典時代初期に認められる哲学的な思考様式と、民主制的な討議様式との密接な連携に関しては、cf. G. E. R. Lloyd, *Early Greek Science, Thales to Aristotle*, Chatto & Windus, London 1970, p. 7 ［山野耕治・山口義久 訳『初期ギリシア科学』（法政大学出版局、1994年）20-21ページ参照］. また、こうした特殊ギリシア的な合理主義が、民主政体ポリスの形成原理と表裏をなしている点については、cf. J.-P. Vernant, *Les origines de la pensée grecque*, PU de Paris 1962, p. 129. より一般的に、ギリシア人による「政治」というものの発明を扱った論文としては、たとえば、cf. C. Mossé, "Inventing Politics", tr. by E. Rawlings and J. Pucci, in : J. Brunschwig and E. R. Lloyd with the collaboration of Pierre Pellegrin (eds.), *Greek Thought : A Guide to Classical Knowledge*, The Belknap Press of Harvard UP, Cambridge・Massachusetts・London 2000, pp. 147-162. なお、初期ギリシアの思考様式と、ヘシオドスの系譜神話的な思考様式との関係については、拙稿「科学的説明モデル」『成蹊法学』第44号（成蹊大学法学部、1997年）85-148ページ所収を参照されたい。
(38) Cf. V. Ehrenberg, "When did the Polis rise ?", *Journal of Hellenic Studies* 57 (1937), pp. 147-159, on p. 158.
(39) カントが理性批判の構想を模索する過程については、前掲 (6) 拙稿、107ページ以下の註 (21) を、また『純粋理性批判』出版に至るまで、かれが理性と詭弁とを分ける「境界石」の置き方について悩んだ経緯については、同拙稿、114ページ以下の註 (23) を、それぞれ参照されたい。
(40) カントの理性批判と、あたかも軌を一にするかのように急旋回したプロイセンの司法改革については、同拙稿、第6節を参照されたい。

第二章

(1) ドイツ観念論初期における、この方向でのカント解釈および批判については、拙稿「カントとフィヒテとの間」『講座ドイツ観念論』第三巻（弘文堂、1990年）15－72ページ所収を参照されたい。
(2) 藪内清 訳『アルマゲスト』復刻版（恒星社厚生閣、1982年）。
(3) Cf. Ptolemy, *Tetrabiblos*, ed. and tr. by F. E. Robbins, 1940, rep. Harvard

UP, Cambridge・Massachusetts・London 1994.
(4) 矢島祐利 訳『天体の回転について』（岩波書店、1953年）、および高橋憲一 訳『コペルニクス・天球回転論』（みすず書房、1993年）参照。
(5) S. Maimon, *Kritische Untersuchungen über den menschlichen Geist*, Leipzig 1797, in : V. Verra (Hg.), *Gesammelte Werke*, Bd. VII, Georg Olms Verlag, Hildesheim・New York 1976, S. 1-374.
(6) Vgl. *ibid.*, S. 8.
(7) Vgl. *ibid.*, S. 8f.
(8) *Ibid.*, S. 9.
(9) たとえば、コペルニクス革命に関する古典的な研究書、T. S. Kuhn, *The Copernican Revolution*, Harvard UP 1957［常石敬一 訳『コペルニクス革命』（講談社、1989年）122ページ］参照。
(10) (11) S. Maimon, *op. cit.* (5), S. 9.
(12) (13) (14) Vgl. *ibid.*, S. 10.
(15) Vgl. *ibid.*, S. 10f.

　C・カトゾフはこの第二の意味で考えられた絶対運動にもとづいて、プトレマイオスの体系はまったく恣意的なものとなり、このためマイモンによって斥けられていると解釈している（cf. C. Katzoff, "Salomon Maimon's Interpritation of Kant's Copernican Revolution", *Kant-Studien* 66, Heft 3, 1975, pp. 342-356, on p. 344）。しかし、マイモンはどこにもそのように述べていない。しかも、仮に第二の絶対運動でプトレマイオスの体系が破綻するのであれば、問題設定からしても実際の文脈からしても、この後の議論は不要なものとなってしまう。

(16) Vgl. S. Maimon, *op. cit.* (5), S. 11.
(17) Ibid.
(18) Vgl. ibid.
(19) (20) *Ibid.*, S. 12.
(21) *Ibid.*, S. 13.
(22) まず、比較的最近のマイモン研究を調べると、S・ザックのものがこの箇所の解釈を提示している。かれはこの箇所に関する議論において、万有引力の法則に従って運動する太陽と地球を例に、各物体の場所を決定する「絶対的な

方法 une manière absolue」について次のように述べている。「A と B が互いに、ある同じ距離をとった、質量の異なる〔2つの〕物体だとしよう。一方の場所の大きさ（la grandeure du lieu）〔マイモンの原文では die Größe der Veränderung des Ortes 位置変化の大きさ〕は他方の質量によって変化を被り、その逆でもあると仮定しよう。〔この場合、〕それぞれの物体に相関する場所の変化（les changements des lieux）は直接、それら〔A と B〕の質量の変化に比例する。それらの運動は、それらが等しいと仮定すると、等しいままであろうが、しかし場所の変化は、一方にとってと他方にとってとを比べると、同じではない」(S. Zac, *Salomon Maïmon, Critique de Kant*, Cerf, Paris 1988, p. 128)。このように、マイモンの表現よりもさらに不明確になっており、たとえば「……場所の変化は、……質量の変化に比例する」という表現はほとんど意味不明である。また、もともとマイモンが「物体 A と物体 B の運動は互いに等しい」と明言している箇所を、ザックは「それらが等しいと仮定すると……」のように、条件付の命題へとパラフレーズしている。

　万有引力の法則に従って運動する太陽と地球を例にしているところから推測すると、太陽と地球からなる系の質量中心（重心）の周りを両者が公転するという設定において、単位時間に地球が移動する距離と太陽が移動する距離を、ザックはそれぞれの質量と関連づけながら「……場所の変化は、……質量の変化に比例する」と述べているのであろう。しかし、これが力学的な精密さを著しく欠いた表現であることは、どうにも否定しようがない。場所の変化が物体 A の質量に比例し、かつ物体 B の質量にも比例するということなのか、それとも各質量の「変化」ではなく「相違」にそれぞれ比例するということなのか、あるいはまた、物体 A の「場所の変化」は物体 B の質量に比例し、物体 B のそれは物体 A の質量に比例するということなのか、さらには「質量の変化」という表現で A と B の質量比のことを考えているのか、これらはザックの語る前後の文脈を考慮に入れても判然としない。

　以上にもまして意味不明な表現ではあるが、ここで「一方にとっても他方にとって……同じでない」という表現を好意的にうけとれば、この条件と対になる「双方にとって……同じである」ということが、同じでない点を対比的に示す目的で、まず何かについて確認されていると考えられる。その何かとは「それらの運動」と呼ばれているもの、つまり物体 A と物体 B の運動だというこ

とになるであろう。しかし、これらが「双方にとって同じである」ということは、どのような事態であろうか。力学的に成立するかぎりでこの事態を絞り込んでいくと、これはおそらく「Aから見たBの運動」と「Bから見たAの運動」が双方とも同じになるという確認であろう。そしてこれでよいならば、対比関係からして「場所の変化」については、Aにとってのそれとβにとってのそれが、互いに「同じでない」と述べられていることになるだろう。

しかし、「Aから見たBの運動」と「Bから見たAの運動」は常に同じ——大きさが等しく向きが互いに逆——であり、上記の「それらが等しいと仮定すると……」のような条件は無用のものとなる。このため、ザックのように表現すると、かえって誤解を誘発しかねない。いずれにせよ、論点はほとんど意味不明である。このことはともかく、かれの解釈をもう少したどってみよう。

ザックは上の引用につづけて、次のように述べている。「場所の変化（la modification du lieu）という重要な点にしたがって、より大きな引力をもつものが絶対的で、質量がより劣るものは相対的であると、われわれは言うだろう。まさにこのようにして、経験そのものがわれわれに、絶対運動（第一の運動）を相対運動（第二の運動）から区別することを教えるのである」（ibid.）。さて、この発言そのものを、語られている順序どおり自然にうけとるとどうなるだろうか。万有引力の法則に従う2物体の運動——二体問題——では、より大きな引力をもつものが絶対運動し、質量がより小さいものは相対運動するということになるだろう。たとえば太陽と地球では、太陽が絶対運動し、地球は相対運動しているといった解釈になる。すると、太陽が絶対運動しているというこの一点からして、ニュートン力学は太陽の運動を観測事実のまま受け容れるプトレマイオスの体系を基礎づけるかのように思える。しかし、これもまた好意的に理解すれば、力学的には太陽系全体の質量が太陽の質量に近似され、地球を含めてすべての惑星が太陽系全体として銀河系の渦動に与っている、あるいは大宇宙のなかで絶え間なく絶対運動している、ということになるかもしれない。この場合、地球はあくまでも中心——太陽系全体の重力中心近傍——の「太陽に対して」運動するため、まさにこの意味で相対運動しているといった解釈となる。ただし、当然のことながら、これが宇宙の中心に太陽を静止させるコペルニクス体系と合致するか否かは別問題である。

いずれにしても、ザックが自覚的に上記のような解釈を採っているとは考

にくい。というのも、かれは運動の相対性を各所で強調し、結局のところ理論内在的にコペルニクス体系を支持する可能性そのものを断念しているからである（cf. *ibid.*, p. 133）。「コペルニクス体系においては、地球の運動の相対性が、ニュートンの定式化した引力の法則を起点に、太陽をめぐる他の諸惑星と同様、それらと共になった諸現象が調和的に組織されるような仕方で証明されるのである」(*ibid.*, p. 128)。ザックはこう結論づけている。これではしかし、コペルニクス体系を採用するにあたって、調和や単純さといった理論外部の目的を追求するために、独断的な理由づけを余儀なくされていることになるだろう。マイモンは、はたしてコペルニクス的転回をそのように理解したのだろうか。仮にそうであれば、第二の意味での絶対運動から第三、第四のそれへと議論を進める必要がどこにあったのか、その理由はほとんど不明である。

　以上のように不明確な点は実に多い。しかし、ともかくもザックは「太陽に対する地球の運動」を相対運動として理解し、これが見かけ上は「地球に対する太陽の運動」として観測されると考えており、またコペルニクスの調和的な体系がニュートン力学によって基礎づけられるとはいえ、この基礎づけは近似を介して可能だとうけとっている。というのも、より大きな引力をもつ物体とより小さな質量の物体を対比して、前者に絶対運動、後者に相対運動をそれぞれ帰する考え方に、もしも近似ということがないのであれば、たとえばほんのわずかな質量差であっても同様に理解しなければならなくなり、さらには２物体がまったく同じ質量をもつとき、双方とも「絶対かつ相対」運動をしているといった不条理なことになってしまうからである。ここではやはり、質量差が非常に大きい場合の近似的な理解が示されているとうけとらなければ、ニュートン力学の整合的な説明にはならないと思われる。このように、何かに対する相対運動が見かけの上で当の何かの運動として観測されるということ、そして近似によって絶対運動と相対運動を区別するということは、ザックのマイモン解釈において、おそらくは否定できない設定となっている。

　ザックに先立って、S・H・バーグマンは該当する箇所を以下のように解釈していた。「たとえば、相互に引き合う二つの質量において、質量Bは（引力の法則に一致して）Aの位置変化を規定し、またこの逆も成り立つ。Aの観点におけるBの運動率〔加速度〕は、Bの観点におけるAの運動率〔加速度〕と等しいのである。しかし、運動が相対的かつ相互的であり、またBにむか

うAの運動とAにむかうBの運動が等しいとはいえ、われわれはそれでもなお第一次的な運動と第二次的な運動とを区別することができる。運動Aは、Bの引力質量〔引力を及ぼすBの質量〕によって規定されるかぎり第一次的なもの、したがって絶対的なものである。かくして、Bの運動は、Aの引力質量〔引力を及ぼすAの質量〕によって規定されるかぎり第一次的かつ絶対的なものであって、さらにまた、このBの運動と等しいところの、Bの観点におけるAの運動は、派生的かつ相対的なものである。こういった仕方で、いかなる物体の相対運動も、第二の物体における絶対運動と等しく、またこの逆も成り立つのである」(S. H. Bergman, tr. by N. J. Jacobs, *The Philosophy of Solomon Maimon*, Magnes Press, Jerusalem 1957, p. 25f.)。

　先程のザック解釈とは異なって、論点はきわめて明快である。まず、Aから見たBの運動（位置変化）と、Bから見たAの運動（位置変化）は互いに等しく、いずれも相対的である。そして、それでも絶対運動が相対運動から区別されるのは、この互いに等しい相対運動が他方の物体の質量に規定されていると「理解する」場合にほかならない。すなわち、たとえば

[1] Bの運動は質量Aに規定されていると理解すれば絶対運動である。この場合、絶対運動するBから見ると、Aはこれと同じ大きさでBと逆の向きに運動しているように見えるが、それは相対運動にすぎない、と理解することができる。

これとは逆に、

[2] Aの運動が質量Bに規定されていると理解すれば、Aのほうが絶対運動していることになる。この場合、絶対運動するAから見ると、Bはこれと同じ大きさでAと逆の向きに運動しているように見えるが、それは相対運動にすぎない、と理解することができる。

　バーグマンの解釈は、ほぼ以上のように整理できるだろう。プトレマイオス体系とコペルニクス体系は「一方が認める運動を他方が認めない」という仕方で異なっているのではない（*ibid.*, p. 26）。両体系は、ようするに、上記の [1]

と［2］のように対立しているのである。「両体系とも同じ運動を認めるが、しかしいずれが第一次的〔絶対的〕で、いずれが第二次的〔相対的〕かということに関して異なっている。プトレマイオス体系は太陽〔の運動〕を第一次的、絶対的な現象とみなし、またコペルニクス体系はニュートンの引力の法則に従って、太陽をめぐる諸惑星の運動を第一次的かつ絶対的なものとみなし、諸惑星の観点からの〔諸惑星の観点から観測される〕太陽の運動を、派生的かつ相対的なものとみなすのである」（cf. ibid.）。

バーグマンの解釈において、相対運動が「見かけ上の運動」と解されていることは、まったく疑問の余地がない。しかしこれは、太陽と地球の場合がそうであるように、2物体の質量差が何桁も異なる場合であり、しかも近似的に成り立つことである。この点は本論で詳しく検討するが、バーグマンの解釈では、同じ「見かけ上の運動」を絶対運動と「みなす」か相対運動と「みなす」かは、上記［1］と［2］のいずれを選択するかという、自由にもとづく「みなし」であって、最終的には断定である。そして、［1］を選択すれば、ニュートン力学に従って、物体Bの運動は質量Aに規定された絶対運動として理解され、物体Aの運動は相対運動にすぎないとみなされる。［2］を選択すれば、この場合も同じくニュートン力学に従って、物体Aの運動は質量Bに規定された絶対運動として理解され、物体Bの運動は相対運動にすぎないとみなされる。このように、いずれを選択しても「ニュートン力学の適用」という点においては、まったく差異がないのである。したがってバーグマンの解釈では、ニュートン力学にとって、プトレマイオス体系を採用するかコペルニクス体系を採用するかの二者択一は、完全に開かれた選択の自由となる。これはザックの解釈よりも高次の、しかも遥かに首尾一貫した運動の相対性にほかならない。そしてこの点からすると、バーグマンの解釈においては、マイモンが第二の意味での絶対運動から、さらに第三、第四のそれを検討した理由も十分に認められることになるだろう。

しかし、以上の解釈では結局のところ、ニュートン力学の普遍性をもとにしつつ、プトレマイオス体系を採用するかコペルニクス体系を採用するかは、互いにまったく同等な価値をもつ選択肢となるため、両体系それぞれに対応する、独断論とカントの批判主義——より正確には「超越論的実在論者」の立場と「超越論的観念論者」の立場（vgl. S. Maimon, *Versuch über die Transscen-*

dentalphilosophie, in : V. Verra (Hg.), *Gesammelte Werke*, Bd. II, G. Olms Verlagsbuchhandlung, Hildesheim 1965, S. 204)——もまた、自由な選択を許す同等な二つの立場設定とならざるをえない。このためバーグマンは、マイモンが後者のカント的な立場を自ら採用するにあたって、ア・プリオリな純粋認識の根拠となる物自体を独断論的な立場の残滓として斥ける一方、物自体の代用物となる「認識諸能力の内在的な合法則性」を意識そのもののうちに導入したと解釈する（S. H. Bergman, *op. cit.* p. 27）。これと基本的に同様の論点を、バーグマン式のニュートン力学理解にもとづいて提示する解釈は、以下のような諸研究にも見られる。ただし、いずれもバーグマンと比べると後退している観があり、むしろ新しい研究ほど問題の所在を見失って、初めにあげたザック流の——理論外部の調和、単純さ、有用性、その他によって二世界体系の優劣を比較する——外挿的なコペルニクス的転回の理解に近づく傾向が認められる。
M. Guéroult, *La philosophie transcendentale de Salomon Maïmon*, Paris 1929, pp. 16-22.

S. Atlas, *From Critical to Speculative Idealism : The Philosophy of Solomon Maimon*, The Hague 1964, pp. 39ff., esp. p. 43.

C. Katzoff, *op. cit.* (15), pp. 344f., 347.

　こうした従来の解釈は、バーグマンの解釈も含めてマイモンの呈示する第四の意味における絶対運動の誤解にもとづいており、そもそも無意味な企てにほかならない。本節ではまさにこの誤りを示すことになる。

　他方、F・クンツェはその古典的なマイモン研究において、ここで問題にしている箇所には不思議と論及していない（F. Kuntze, *Die Philosophie Salomon Maimons*, Heidelberg 1912, S. 37-39）。とはいえ、クンツェはマイモンが〈主観-客観〉関係——ア・プリオリな純粋認識——の根拠を「仮説的」に主観へと関連づけるカントの立場に着目しており、この立場を第四の意味における絶対運動にそくして論じている（*ibid.*, S. 38f.）、と正確に解釈している。そしてこの点は、上掲諸研究からの批判にもかかわらず、今日でもなお正当に評価できる。これに関連した問題は次節で検討する。

(23) 前註で整理したように、二体問題において、S. ザックは質量の小さい側が両物体間に働く万有引力に寄与する分を、近似的に無視できると考えている。これに対して、S・H・バーグマンは2物体のうち、いずれか一方を両物体間

に働く万有引力に寄与する質量とみなすかぎり、他方の質量がこれに寄与する余地はないと理解している。S・H・バーグマンの解釈はこの点で、近似を問題としない運動の相対性を示しているともいえる。しかし、かれが主張しているような物体A、Bの関係は、桁外れに質量の異なる2物体のあいだで、やはり近似的に成立することを本節では明らかにする。

(24) 絶対運動と相対運動に関するニュートン自身の考え方については、たとえば、薮木栄夫、第一章註(24)所掲研究書、148-150ページ参照。

(25) この典型がC・カトゾフの研究であり (cf. C. Katzoff, *op. cit.* (15), esp. pp. 345-349)、最終的に「カントによる認識の基礎づけを自らのそれと対比するために、コペルニクス的転回を焦点としたというまさにその選択が、カントの企図についてマイモンが限られた理解に止まっていたことを雄弁に物語っている」と断じている (*ibid.*, p. 356)。見てのとおり、これはカトゾフ当人がマイモンによるコペルニクス的転回の解釈に成功していることを前提としなければ、そもそも下しようのない結論になっている。しかし、本節で示したように、この前提そのものが破綻していたのである。また、同研究がマイモンのカント理解を読み解く上で、これと同じ理由で失敗していることは、次節での検討を通じて結果的に明らかになるであろう。

(26) しかもカントは『純粋理性批判』の第2版に先立つ1784年の論文において、コペルニクスがプトレマイオス体系の道具立てを残しつつ、あくまでも仮説として地動説を唱えた一方、ケプラーは旧式の道具立てをすべて廃して、諸法則に基づく惑星の離心的な軌道——楕円軌道——を提示し、さらにニュートンがそれらの諸法則を普遍的な自然の原因（根源事象 Naturursache）から解明したと述べている (I. Kant, "Idee zu einer allgemein Geschichte in weltburgerlicher Absicht", in : Königlich Preußilicher Akademie der Wissenschaften (Hg.), *Kant's Gesammelte Schriften*, Bd. 8, 1923, S. 15-31, hier vgl. S. 18 : 《So brachte sie〔Natur〕einen Kepler hervor, der die eccentrichen Bahnen der Planeten auf eine unerwartete Weise bestimmten Gesetzen unterwarf, und einen Newton, der diese Gesetze aus einer allgemeinen Naturursache erklärte》.)。この点からしても、カントがコペルニクス体系を例にあげるとき、惑星運動の説明についてケプラーやニュートンの功績をこの体系に関連づけて考えていたことはまず間違いない。

(27)(28) S. Maimon, *op. cit.* (5), S. 13.
(29) S. ザックは、マイモンが「ア・プリオリな純粋認識を使用していることは、諸天体の運動の〔観測事実がそうなっている〕ように、一つの現象として、意識の事実である」(ibid.) と明確に解説しているにもかかわらず、これをカントに対する批判として解釈している。すなわち、ザックによると「マイモンはカントに対して、認識のア・プリオリな条件を事実に還元することを非難している」(S. Zac, *op. cit.* (22), p. 129) のである。しかし、マイモンの表現からも分かるように、かれはカントを批判していない。かれはカントが認識のア・プリオリな条件を事実に還元しているとはどこにも述べていないのである。そして実際、上に引用したように、マイモンの代弁者であるフィラレテスは、あくまでも自らの見解として「ア・プリオリな純粋認識の使用（Gebrauch）は意識の事実である」と主張している。そしてこの主張は、ザックが述べているような、事実への「還元 réduire」を何ら意味していない。それどころか、フィラレテス（マイモン）は「ア・プリオリな純粋認識」そのものが意識の事実に相当すると語っているのですら毛頭なく、見てのとおり、ア・プリオリな純粋認識の「使用」が意識の事実であると主張しているのである。
(30) S. Maimon, *op. cit.* (5), S. 13.
(31)(32)(33) *Ibid.*, S. 14.
(34) 前掲 (1) 拙稿、68 ページ註 (87) を参照されたい。
(35) 従来のマイモン研究では、マイモンがカントの立場を、ここでア・プリオリな純粋認識の根拠を主観に求める独断的形而上学の一形態としている、と解釈されていた。そして、カントの立場を第三の意味における絶対運動の議論と関連させる傾向が、解釈の趨勢であったともいえる。

　たとえば M・ゲルーは、カントの設定によると、ア・プリオリな普遍法則が「主観に由来するものと客観に由来するものとを妥当なかたちで規定する方法をわれわれに与えない」(M. Guéroult, *op. cit.* (22), p. 16) とし、ニュートン力学において引力がもっぱら太陽に由来するのではないのと同様に、経験的な客観をア・プリオリに規定する条件がすべて主観のうちにあるわけではないと主張している (*ibid.*, p. 19)。ところが、これは第四の意味における絶対運動に相当する、マイモンの批判主義的な立場にほかならない。そしてまさにこの立場からは、ゲルーが与えられないと指摘している「方法」が、絶対運動の

相互的な配分という仕方で与えられていたのである。したがって、仮にカントの立場がア・プリオリな純粋認識の根拠を主観に求める独断論の一形態であれば、そもそも質料的な源泉としての物自体を想定する必要は独断的に解消されており、また、仮にカントの立場がマイモンの批判主義に相当するのであれば、物自体の想定は「相互的な配分」という明確な規準に則って批判的に解消される。このため、いずれにしてもゲルーが要求するような〈心性・質料・物自体〉相互の「二重の関係」(ibid.)は、カント主義をめぐるマイモンの議論において居場所をもたないのである。

　他方、S・H・バーグマンは、第三の意味における絶対運動が石か塔の一方に帰されえなかったように、主観に備わる普遍的な法則によって、ある特定のア・プリオリな認識が特定のときに働き、それとは別のア・プリオリな認識が別の或るときに働くということは説明できないとする。そして、カントはこの問題に答えるために、物自体を引き合いに出すほかなかった。バーグマンは以上のようにカントの立場を解釈している（S. H. Bergman, *op. cit.*(22), p. 27）。しかもバーグマンの解釈によると（前註（22）参照）、第四の意味における絶対運動の理解によっても、それをA、Bいずれの対象に帰するかは「みなし」であったように、ア・プリオリな普遍法則の由来を主観に帰しても客観に帰してもかまわないことになる。このため、仮にマイモンがカントの立場を、ア・プリオリな純粋認識の根拠を主観に求める独断的形而上学の一形態として位置づけていたとしても、この位置づけは暫定的なものでしかなく、カントの立場は改めてマイモンの批判主義的な「みなし」から正当化しなおされる。バーグマンのこうした解釈は、上記のゲルー解釈と比較して遥かに用意周到なものになっており、一定の説得力をもっている。しかし、この解釈によると、マイモンの批判主義的な「みなし」によってカントの立場が正当化されるだけではなく、同等の権利をもってア・プリオリな純粋認識の根拠を「客観の側」に措く独断的形而上学の一形態もまた正当化されるほかない。この難点は看過されてはならないだろう。また、バーグマンの解釈には、すでに前註（22）で言及したような物自体の代用物がカント主義に残留することになる。

　ところで、S・アトラスはこれらの解釈を批判する一方（cf. S. Atlas, *op. cit.*(22), p. 16）、マイモンが第三の絶対運動になぞらえつつ、独断的形而上学の一形態として斥けているのは、カントの立場そのものではなく、主観主義的に

解釈されたカント主義にほかならないと主張している (*ibid.*, p. 49)。そしてアトラスは、マイモンが第四の意味における絶対運動の理解に対応させた立場を、客観主義的なカント主義の立場としている (cf. ibid.)。そしてC・カトゾフは、ほぼこの解釈にしたがいつつも、マイモンが独断的形而上学の批判にあたってア・プリオリな純粋認識の根拠を「物自体」ないし「主観自体」へと帰する点に着目していると解し (cf. C. Katzoff, *op. cit.* (15), esp. pp. 347, 354)、抽象物を根拠に仕立てあげるこの弊害が、カントを批判する——第四の意味における絶対運動の理解に依拠した——マイモン自身にも認められるということで (*ibid.*, p. 354)、かれのカント理解に混乱ないし限界があるといった指摘を行っている (cf. *ibid.*, p. 355f.)。カトゾフのこうした見解によって明確に浮上してくるように、従来の解釈では、マイモンがア・プリオリな純粋認識の根拠を主観に求めるとき、この「主観」は物自体の対極に想定される「主観自体 Subjekt an sich」と解されている。たしかに、マイモンが独断的形而上学の一形態を批判するときには、そのように想定されているともいえる。しかしながら、かれがカントの立場に言及して、ア・プリオリな純粋認識の根拠を「仮説的に」一つの試みとして主観に求めると主張する場合、この「主観」は主観自体ではありえない。というのも、主観自体なる超越者に経験的な認識の根拠を求める姿勢は、カントの立場を全面的に裏切るものだからである。もしもマイモンがそうしたカント主義への明白な背反に無自覚であったかのように思えるのであれば、解釈者はむしろ自らの解釈に見落としがないかどうか、また自らの解釈に自明化された「独断的な前提」が潜んでいて、そのような曲解をもたらしているのではないか、といったように、自分自身の解釈に孕まれた不備を虚心坦懐に調べ直すべきであろう。これは解釈の基本である。そして、マイモンがカントの立場に言及するとき、問題の「主観」は関数的な純粋認識をア・プリオリに使用している経験的な主観であり、よりマイモン固有の批判主義に適合する表現をこれに賦与するならば、経験的な学問研究全般の主体として、あくまでも仮説的かつ暫定的に想定される「学的主観」にほかならないのである。この点はこの後の検討で示す予定である。

(36) S. Maimon, *op. cit.* (5), S. 14.
(37) *Ibid.*, S. 16.
(38) *Ibid.*, S. 14.

(39) 従来の研究のなかでも C・カトゾフは、この規準が絶対運動をめぐるマイモンの第四の最終的な理解においても与えられていない、という端的な誤解を明確に提示している（C. Katzoff, *op. cit.* (15), p. 353）。その他の研究については、前註（35）参照。

(40) 詳しくは、前掲（1）拙稿、42-50 ページを参照されたい。

(41) Cf. S. Atlas, "Solomon Maimon's Doctrine of Infinite Reason and Its Historical Relations", *Journal of the History of Ideas*, vol. 13, 1952, pp. 168-187, on p. 174.

(42) Vgl. S. Maimon, *op. cit.* (5), S. 6.

(43) S. Maimon, *Brief an Fichte*, in : R. Lauth und H. Jacob (Hg.), *J. G. Fichte-Gesamtausgabe*, III, 2, F. Frommann Vlg., Stuttgart 1970, S. 194f., hier S. 195.

第三章

(1) J. G. Fichte, *Grundlage der gesamten Wissenschaftslehre*, 1794/95, in : *J. G. Fichte-Gesamtausgabe der Bayerischen Akademie der Wissenschaften*, hrsg. von Reinhard Lauth, Hans Jacobs und Hans Gliwitzky, Fromman-Holzboog Verlag 1969, Bd. I, 2, S. 249-461 ［隈元忠敬 訳『フィヒテ全知識学の基礎・知識学梗概』（渓水社、1986 年）；隈元忠敬 訳『全知識学の基礎』（哲書房刊フィヒテ全集 第四巻）77-353 ページ所収］。引用および言及箇所については、上掲アカデミー版の該当ページ数を本文中に記す。翻訳書にはこのアカデミー版のページが欄外に記されている。

(2) この点について詳しくは、拙稿「知識学と自我原理（一）」『成蹊法学』第 42 号（1996 年 3 月）99-184 ページ所収、137-140 ページを参照されたい。

(3) フィヒテの厳密な議論については、同拙稿の 143-146 ページを参照されたい。

(4) Vgl. E. Mach, *Die Mechanik historisch-kritisch dargestellt*, 1883, 9. Aufl., Leipzig 1933, Darmstadt, Wissenschaftliche Buchgesellschaft 1963, S. 183.

(5) 「近代の慣性原理においてはなんらかの力が保たれるのに反し、インペトゥス理論では常にそのインペトゥスが働くことによって一様運動が持続せしめられる。もし何ものの作用もなくなるならば、運動は直ちに止み物体は静に戻るであろう。アリストテレス＝スコラの運動論を貫いて存在している根本原理は、『運動するものは他のものに運動させられる *Omne quod moveatur ab aliquo movetur*』というものであり、物体は運動しているためには、常に何かがこれ

を運動させていなくてはならない。投射体の場合でも、アリストテレスが媒体に与えられるとした運動力を、インペトゥス理論はほかならぬ運動体そのものに与えられるとしたにすぎず、運動するものは常に何ものかによって運動させられるという前述の根本原理は、そのまま保たれているのである」（伊東俊太郎『ガリレオ』（講談社、1985年）、99ページ）。
(6) 物体の質量によらず、距離だけによってその加速度が決まる「加速度場 acceleration-field」の概念については、cf. H. Stein, "Newtonian Space-Time", *Texas Quarterly* 10 (1967), pp. 174-200, here on p. 178. ここでは、この加速度場が中心質量に比例するといったことを、あらかじめ前提しない議論にしておきたい。
(7) 地球と月がともに運動していると考える場合には以下のようになる。まず地球Tの質量をM_T、その座標を(x_1, y_1)、月Lの質量をM_L、その座標を(x_2, y_2)とし地球と月の距離をrとすると、地球の運動方程式は、

$$\left.\begin{array}{l} M_T \dfrac{d^2 x_1}{dt^2} = G\dfrac{M_T M_L}{r^2} \cos\theta \quad \Rightarrow \quad \dfrac{d^2 x_1}{dt^2} = G\dfrac{M_L}{r^2} \cos\theta \\[2mm] M_T \dfrac{d^2 y_1}{dt^2} = G\dfrac{M_T M_L}{r^2} \sin\theta \quad \Rightarrow \quad \dfrac{d^2 y_1}{dt^2} = G\dfrac{M_L}{r^2} \sin\theta \end{array}\right\} ①$$

となる。また、同様に月の運動方程式は

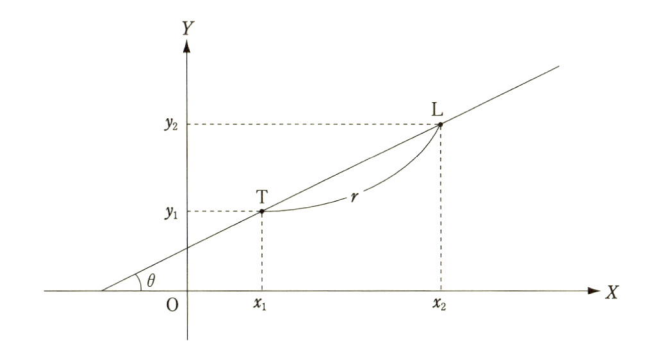

$$M_L \frac{d^2 x_2}{dt^2} = -G\frac{M_T M_L}{r^2}\cos\theta \;\Rightarrow\; \frac{d^2 x_2}{dt^2} = -G\frac{M_T}{r^2}\cos\theta$$
$$M_L \frac{d^2 y_2}{dt^2} = -G\frac{M_T M_L}{r^2}\sin\theta \;\Rightarrow\; \frac{d^2 y_2}{dt^2} = -G\frac{M_T}{r^2}\sin\theta \quad\Bigg\}②$$

となる。ここで各運動方程式①②を座標別に辺々引き算し、相対座標

$$x_2 - x_1 = x, \quad y_2 - y_1 = y$$

を導入して整理すると、相対座標の加速度として

$$\frac{d^2 x}{dt^2} = -G\frac{M_T + M_L}{r^2}\cos\theta, \quad \frac{d^2 y}{dt^2} = -G\frac{M_T + M_L}{r^2}\sin\theta \quad \cdots\cdots ③$$

を得る。また、地球と月を合わせた系の重心（質量中心）の座標 (ξ, ζ) は

$$\frac{M_T x_1 + M_L x_2}{M_T + M_L} = \xi, \quad \frac{M_T y_1 + M_L y_2}{M_T + M_L} = \zeta$$

であり、これらを t で2回微分して①と②をそれぞれに代入すると、

$$\frac{d^2 \xi}{dt^2} = 0, \quad \frac{d^2 \zeta}{dt^2} = 0$$

となる。ここから、地球と月を合わせた系の重心（質量中心）は、等速直線運動しているか、または静止していることが分かる。そこでこの重心を原点に選び（$\xi = \zeta = 0$）、地球の座標 (x_1, y_1) と月の座標 (x_2, y_2) を相対座標 (x, y) で表すと、

$$(x_1, y_1) = -\frac{M_L}{M_T + M_L}(x, y) \quad \cdots\cdots ④$$

$$(x_2, y_2) = \frac{M_T}{M_T + M_L}(x, y) \quad \cdots\cdots ⑤$$

となる。④は重心から見た地球の位置座標、⑤は重心から見た月の位置座標をそれぞれ表している。地球が静止――または等速直線運動――していると仮定したときの月の運動方程式は②と同型であり、その場合、月は地球の周りを楕円運動することが分かっている。以上から、M_L と M_T の大きさを考慮に入れて④⑤を理解すれば、重心から見て地球は非常に小さな楕円を描いて運動し、その楕円運動は月のそれに対して位相が π だけ異なっていることが分かる。地球を原点に考える場合と同様に、重心を原点にして考える場合も、原点そのものは静止していても運動（等速直線運動）していてもかまわないという意味

で、視点が静止していることを前提として許すかたちになっている。地球と太陽とのあいだで考えても同様のことが成り立つ。このように、反立する二視点の仲立ちとなるような、重心に代表される第三の視点が設定可能であるため、無限な階層を通じて絶対的な視点——ニュートンでは「絶対時空間 sensorium Dei」——が存在しているかのような想定へとわれわれは誘われる。しかしながら、もともと或る特定の視点からは対象と視点とのあいだの相対的な速度、加速度が対象の側に射影されて捉えられるという自覚に立てば、いかなる第三の視点も便宜上の道具だて以上の意味をもたなくなる。なお、二体問題の一般的な解説としては、次のものが特に参考になった。

A. Sommerfeld, *Über theoretische Physik*, Bd. 1, 1942, 7. Aufl., 1963, §6. 12.

(8) 絶対空間に関するニュートンの考え方については、たとえば、藪木栄夫、第一章註（24）所掲研究書、132-154 ページ参照。また、絶対時空間をめぐる、ニュートン、バークリ、およびライプニッツ間の論争については、吉仲正和『力学はいかにして創られたか——コペルニクスからニュートンへ』（玉川大学出版部、1988 年）127-152 ページ参照。さらに、絶対時空間に対する批判的な研究としては、現在でも E・マッハのものが第一級の重要性をもっている（vgl. E. Mach, *op. cit.* (4), 2. Kap. §.6, bes. S. 225f.）。

(9) その概要をここで用いた事例にあてはめて示しておくことにしよう。まずは

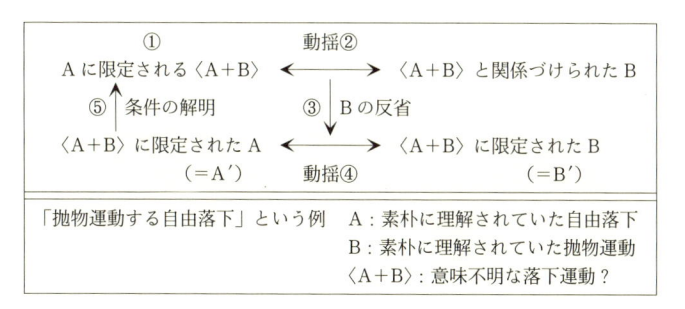

```
         ①                動揺②
   A に限定される〈A＋B〉  ←——→  〈A＋B〉と関係づけられた B
        ↑
      ⑤│条件の解明         ③│B の反省
                              ↓
   〈A＋B〉に限定された A  ←——→  〈A＋B〉に限定された B
         (＝A′)          動揺④         (＝B′)
   ─────────────────────────────────────
   「抛物運動する自由落下」という例　A：素朴に理解されていた自由落下
                                  B：素朴に理解されていた抛物運動
                                  〈A＋B〉：意味不明な落下運動？
```

既知の A を絶対的総体にして、無限定な〈A＋B〉を限定しようとすると（①）、B と関係づけられた〈A＋B〉が除外されて、どのような条件のもとで B と〈A＋B〉が関係するのかが解明されるまでは限定と無限定のあいだを動揺するほかない（②）。目下の例でいえば、動く船の甲板上の視点から物体の落下を目撃する場合と、船上とは別のさまざまな観点に想像上で視点をおきつつ、

同じ落下運動の様子をあれこれと思い描いてみる場合とのあいだで、一律の明確な焦点が結ばないまま動揺している情況がこれに相当する。ここでBが反省されると（③）、無限定であった〈A＋B〉が、それまで単独に限定されていたAを、背後から限定していることが分かる。すなわち、直線的な自由落下というものが、ある特殊な条件下で観測される"非直線的でもありうる自由落下？"〈A＋B〉の偶然的な現れにすぎないことが、観測者Sによって予感されるのである。こうして、知識Aを限定する〈A＋B〉が絶対的総体となる。しかし〈A＋B〉がどのような条件のもとでAを限定しているのかはまだ不明である。そして〈A＋B〉に限定されて新たに未限定となったA——実はAそのものではなくA′——と、すでに未限定となっていたB——実はBそのものではなくB′——とのあいだで動揺が起こる（④）。同じ一つの物体運動が岸辺の観点から捉え返された結果、Bのほうがその実像となり、直線的な落下はもはや実像ではなくなる。その一方で、船上の立場に視点を移すと、従来どおりAが疑いようのない実像であり、Bは完全にその背景へと退く。そうした"非直線的でもありうる自由落下？"〈A＋B〉が、直線運動と抛物運動の「どちらでもあり」ながら、しかもそれらの「いずれでもない」ような、無限定で未知なる何かとして想定されることに対応する。

　この後はAまたはBによる〈A＋B〉の限定が果してどのような条件にもとづいて成立するのかが解明の課題となり、この条件を解明してAについての知識に取り込むことによって、Aだけで〈A＋B〉が限定されるように解明作業が進行する。ここで目指されているのは、新たに定められるA′によって、当初は無限定であった〈A＋B〉を限定することであり（⑤）、これはかたちのうえで、出発点にあった既知のAによる、無限定な〈A＋B〉の限定と同型であり、限定の達成にほかならない。つまり、不可解な〈A＋B〉はこのプロセスで暫定的に想定（定立）されるだけの、それ自体は存在する必要のない単なる仮説（仮の設定）なのである。直接的に扱われているのは限定された既知のAと、これとの関係では未限定のBになっていることは認めざるをえない。絶対的総体がどのように設定されるのかという事後的な問題整理に先立って、こうした一連のプロセスを背景に、AとBとの遭遇および相互干渉が起こっている。絶対的総体がいかに成立してくるのかは、プロセス全体のうちで、どの一面に注目するかで違って見えるだけである。そしてAと〈A＋B〉といっ

た二様の総体を成立させ、互いの区別を可能にしていたのは、このプロセス全体に認められる、上記のような一にして同一の円環的な「関係性」にほかならないことが判明する。

　さて、ここで実体性の形式となる相互的な除外が、質料となる絶対的総体の限定可能性の根拠である——そのような限定が可能であることを保証する——という考え方が成り立つ。自覚的か否かを問わず、ともかく総体からあるものが除外されることで、限定されたAや、AとBを含む無限定の質料総体〈A＋B〉が形成され、いずれか一方が絶対的総体に決まるのであるから、限定可能性の根拠は除外である。このような考え方をとる立場が設定可能である。ただ「相互的に除外される」ということのほかには、限定が可能になるような根拠はどこにもない。ただ単に、除外されることによってのみ、限定は可能になる。これがこの立場の主張である。したがって、質料となる絶対的総体の定め方は、あくまでも「相対的 relativ」でしかない（345）。現代風にこの立場を表現すると、相対主義の（科学）方法論ないしは、ある種の規約主義ということになるだろう。何がどのように定義されるかということに最終的な根拠はない。絶対的総体が限定可能となる根拠として除外をあげる立場とは、まさにこのように主張する立場である。目下の例でいうと、自由落下から、ともかく直線運動ではないものを除外することでAが限定され、また除外されたBと限定されたAとの矛盾めいた結合体として〈A＋B〉が想定（仮構）される。これが除外を根拠とする立場の考え方である。

　以上とは逆に、絶対的総体がいずれか一方に決まっているために、それに応じて除外は起こりうる、という考え方も成り立つ。たとえば、そもそも「落下」が素朴に理解される——Aが絶対的総体となる——からこそ、非直線運動Bは除外されるのである。他方ではまた、ガリレオの見方がそうであるように、Bを含めた「自由落下」の性質総体が理解の前提になっていれば、直線的な加速度Aのほうが特殊で例外的なものとして除外される。質料が定められていることで、初めて実体性の形式（知性の働き方）が可能になっているのである。BがAが絶対的総体となるのか、Aもまた除外されて〈A＋B〉が絶対的総体となるのか。なるほどこの二者択一は相対的でしかないにしても、ともかくこれら二様の絶対的総体が選択肢として区別できていなければ問題は始まらない。この区別を保証する、知られていない何らかの規則が存在し、事

実上の二者択一が初めて可能になっている。こう考えるのが第二の立場である。この意味では底無しの相対性から脱却した考え方だといえよう（ibid.）。現代風にいえばパラダイム論である。

　パラダイム論は通常、しばしば相対主義の一形態として理解されるが、この立場から提示されるのは、あくまでも諸パラダイムを貫く普遍的な尺度の不在という論点から帰結する相対性である。しかし、特定のパラダイムのもとでは、採用される方法や思考様式などが、固有の定形性（範型：パラディグマ）を示す。まさしくこれがパラダイム論の基本となる見解である。それゆえ、この点では底無しの相対性から脱却した考え方の一形態として、パラダイム論を例にあげても差し支えないであろう。自由落下Aからあらかじめ非直線運動Bが除外されるような、社会・政治・宗教・文化・歴史的な文脈のもとで、Aが絶対的総体とされている。絶対的総体が定まっていることを除外の根拠とする立場は、およそ以上のように性格づけられるだろう。

　まず、相対主義では、Aと〈A＋B〉のどちらを絶対的総体としなければならないかと問われれば、その立場設定からして「どちらでもない」（346）と答えざるをえない。どちらか一方を採用する規則の類いは完全に欠落しており、根拠のない除外によって選択肢の区別が成立する。他方、パラダイム論は、もともといずれかが採用されているのであって、それが変更されるときにも、自覚的であろうとなかろうと二様の総体を区別する規則にもとづいて選択肢が成立し、その上で二者択一がなされていると主張する。しかしながらこの立場から当の規則が提示されることはない。ただそうした何らかの規則の類いが「在る」と主張されるにとどまるのである。そのような規則の類いは、当面のところ——実際は永遠に——未決定のままにされる。パラダイム論は、事実としてAか〈A＋B〉のいずれか一方だけが採られていることから、一方を絶対的総体に固定する以前の、二様の総体の区別を可能にする基準ないし条件が根拠として存在する、と主張するのである。しかしながらその基準ないし条件が何であるのかは不明であるため、パラダイム論は「パラダイム」という不明瞭な何かがその種の区別を可能にしていると主張することで、この問題に対応しているのである。

　相対主義は除外によって選択肢が与えられると主張するが、現実問題としては、何を基準に除外がなされているのかを等閑に付している。そして、原理的

には何を基準にしてもよいという断定により、現に採用されている基準が採用されている理由については、その追究が打ち切られることになる。しかし、まさしくこの処置によって、相対主義はその理由となる何かを自明なものとして前提しているのである。これに対し、パラダイム論は事実として選択肢の一方が絶対的総体として採用されていることをもとに、除外による絶対的総体の限定を可能とする何か——パラダイム——が「在ること」までを主張する。しかしパラダイム論では、その何かが諸パラダイム貫通的な普遍性をもって解明されることは当初から否定されており、この基本了解によって結局パラダイム論という立場それ自体が相対的でしかないことの自覚に至る。このように、外見上は相互に対立（反立）する二つの立場でありながら、双方とも他方の一面を拠り所とし、また帰結しながら、相互補完的に成り立つともいえるような、互いに対照的な立場になっている。

　作用性の形式と質料がそうであったように、二つの立場はフィヒテの第三原則にもとづいて調停されなければならない。本章の第1節で示したように、第三原則は次のとおりであった。「自我は自らのうちに、可分的な自我に対して可分的な非我を定立する」(272)。これは作用性の検討で示したように、観測事実 α を $\alpha_S + \alpha_M$ に相互配分し、加速度の根拠を $\alpha_T(r)$ と $\alpha_L(r)$ に相互配分することにより、反立する両者を適切に切断して、双方を反立したまま互いに協働させる原則にほかならない。さて、この原則から絶対的総体を決めるときの相対的根拠（相対主義）と絶対的根拠（パラダイム論）とは、同じ一つの事柄の二側面でなければならない。言葉で表現すると奇妙な印象を醸し出してしまうが、このことは絶対的総体としてAを採用することと〈A＋B〉を採用することが、同一である場合に成り立つ。なぜならば、両者が同じ一つのことであるならば、いずれが選択されようと（選択の相対性）、実際になされている選択は同一となり（選択の絶対性）、そうした同じ一つの事柄が成り立つための一般的な根拠が求められれば事足りるからである。奇妙な事態が求められているように見えるとはいえ、理屈だけで考えればそのようになるはずである。しかし、限定された総体Aと無限定の総体〈A＋B〉とが同一であるとは、いったいどのようなことであるのか。この問題は本論でこの後に詳しく検討するが、最終的に「関係の完全性」という特性によって、見事に解明されることになる。そして、残る問題は相対主義とパラダイム論を関係の完全性のうちに定位して、

それぞれの主張を調停しつつ互いに協働させることだけになる。

　相対主義とパラダイム論にそれぞれ対応づけておいた２つの立場は、二様の絶対的総体（実体）をめぐる争いを演じていた。相対主義の立場では、そもそも二様の絶対的総体が根拠のない除外によって成立するとされているのであるから、二様の絶対的総体のうち、一方の採用を求めるような規則はもともと存在しない。それでもあえて、どちらが採用されるべきであるのかと問われれば、結局のところ「どちらでもない」と応えなければならないことになる。これは除外の任意性によるもので、同時にまた「どちらでもよい Anything goes!」ということでもある。質料がどのようなものであれ、絶対的総体からの相互的な除外という形式に立脚して選択肢を定めるこの立場は、このように一貫した形式主義である。これに対してパラダイム論の立場は、どちらかの絶対的総体が現実に採用されているのであり、いずれかが実際に採用されている以上、絶対的総体の選択肢を区別する基準が確固として存在していなければならないと主張する。質料のほうが定まっていてこそ形式が成立すると考えるこの立場は、形式主義に対して、現に質料が二様に定まっていることを重視する事実本位の実質主義である。このように両者は外見からすると大きく異なっている。

　しかし、相対主義とパラダイム論と呼んでおいた２つの立場は、関係の完全性という同じ土俵の上で争いを演じていたにすぎない。実のところ、Ａと〈Ａ＋Ｂ〉のいずれを絶対的総体としても、問題とするのはＢと〈Ａ＋Ｂ〉との限定関係――そしてこれと表裏する、Ａと〈Ａ＋Ｂ〉との限定関係――である。Ａと〈Ａ＋Ｂ〉のどちらを絶対的総体に選んでもよいし、いずれを選んでも同じ課題を遂行することになる。したがって実際上の争点は、自由落下にとってＡが本質的な属性か単なる属性の１つでしかないのかという一点だけである。そしてこの対立は、第三原則の限定の規則によって容易に調停される。この規則を適用すると、Ａに含まれる自由落下の直線性は、部分的に成り立ち、部分的には成り立たない。すなわち既知のＡは、慣性運動の観点 v_0 から見て運動 α の加速度成分だけを物体Ｍ（可分的非我）に配分し、運動 α の加速度成分に対してそのつど垂直な方向をとる慣性運動の成分ついては、物体Ｍと観測者Ｓ（可分的自我）との関係に配分する、といった条件下で成立するのである。これらの条件が具体的に知られていない段階でも、関係の完全性を標準（規準）としてそれに依拠するかぎり、Ａが部分的に妥当するという

ことまではいつでも主張できる。そしてBについてもまた事情はまったく同様である。このように、関係の完全性に定位するのであれば、Aの知識を「本質的」と呼ぶか否かは基本的に自由であってよい。以上より、相対主義が「ない」と主張しパラダイム論が「ある」としながら示せなかった基準や規則が提示された。それは、いずれの場合においても同一な「関係の完全性」を標準とする、限定ないしは制限の規則にほかならなのである。

(10) ガリレオでは、純粋な直線運動の慣性ではなく、しばしば「円慣性」と呼ばれる一種独特の考え方が基本とされ、自由落下（自然落下）を、これに従う円運動と大地の中心方向に向かう直線運動が合わさったものとされている。ここでは、この種の微妙な論点にはふれないことにして、できるかぎりシンプルな設定で実質的な理解に努めたい。なお、ガリレオ自身の議論については、拙稿「『知る』ということについて——相対性原理と近代科学の価値中立性——」『真理への反逆』（富士書店、1994年）99-153ページ所収の、特に129-130ページを参照されたい。

(11) 月軌道に関する数学的な扱いは、山本義隆『重力と力学的世界』（現代数学社、1981年）、75-78ページの惑星軌道に関する議論を参照した。

(12) 地球と月とを合わせた系の重心が慣性運動 v_0 とされる場合については、前註（7）を参照。

(13) 拙著『無根拠への挑戦——フィヒテの自我哲学』（勁草書房、2001年）の特に188、190-191ページを参照されたい。

(14) 万有引力の「無媒介性」と「普遍性」——物体とその運動についての客観的な経験を可能にするア・プリオリな制約——が太陽系システムの質量中心を限定し、厳密に限定されたこのシステムにおいて、絶対運動と相対運動の区別が初めて客観的な意味を獲得するといった、カントの根本的な着想については、cf. M. Friedman, *op. cit.*, Cap. 1, n. (29), pp. 149-159, esp. p. 157f.

(15) 前掲（13）拙著の第一章第二節、特に56-57ページを参照されたい。

結　語

(1) ニュートン主義を1つのイデオロギーとして捉え、それを資本主義の発展という文脈で経済・政治的な歴史過程と安易に結びつける傾向は、かねてより実証主義的な観点から厳しく批判されている（cf. R. Olson, "Tory-High Church

Opposition to Science and Scientism in the Eighteenth Century: The Works of John Arbuthnot, Jonathan Swift, and Samuel Johnson", in: J. G. Burke (ed.), *The Uses of Science in the Age of Newton*, University of California Press, Berkeley・Los Angels・London 1983, pp. 171-204, esp. p. 174）。しかし、ここで問題にしているのは、そもそもニュートン的なコペルニクス革命が資本主義と連携して今日に至っているということは、いかにして可能であったのかという、カント的な「可能性の制約」についてである。

(2) この種の研究は枚挙に暇がないので、比較的最近の典型的なものだけを例示しておくことにしたい。近代科学の素地となる17世紀の知的伝統は分裂状態にあり、それぞれの立場をとる自然学者らが自らの長所を擁護し、他の立場を非難することがあったにせよ、いずれの自然学者もプレイしたいゲームが互いに異なっていたというのが実情で、それぞれのプレイを科学革命という共通のゲームルールがあったかのように評価しようとすることは、不毛な企てとなるほかない (cf. S. Shapin, *The Scientific Revolution*, The University of Chicago Press, Chicago・London 1996, p. 117 [川田勝 訳『「科学革命」とは何であったのか——新しい歴史観の試み——』(白水社、1998年) 150-151 ページ参照])。

しかしながら、仮に以上のような、およそのどのようなことに対しても成り立つようなテーゼを裏付けるために、今日の科学史研究がなされているのだとすれば——そうではないと信じるが——、科学史という研究分野がすでにその歴史的な役割を終えていることを示しているだけであろう。実際、このテーゼを現在の科学史研究に適用して、いずれの科学史家もプレイしたいゲームが互いに異なっているのが実情であり、科学史という共通のゲームルールがあるかのように科学の歴史を扱うのは、不毛な企てとなるのではなかろうか。しかも、17世紀に機械論的な自然学と宗教的な関心の共存 (cf. *ibid.*, esp. pp. 142-155 [訳書、180-196]) や、機械論と目的論の併存を指摘する、S・シェイピン当人の議論 (cf. *ibid.*, esp. pp. 155-161 [訳書、196-204]) さえ、まったく同じ史料をもとにした別のゲームルールに従う研究によって即座に相対化されることになる。つまり、科学革命に「本質」はないとするシェイピンの見解は (*ibid.*, pp. 1, 12, 161, 165, et passim [訳書、9, 24, 204, 208 ページなど])、上記のテーゼにそのまま従って、科学革命には「本質」があるという見解を否定できない

どころか、むしろ擁護することになるのである。

　なお、科学革命をめぐる近年の研究動向については、次の論文集に掲載された各論文が参考になる。M. J. Osler (ed.), *Rethinking the Scientific Revolution*, Cambridge UP, Cambridge・New York・Melborn・Madrid 2000. たとえば、上掲S・シェイピンによる科学革命否定の立論に対する批判としては、cf. M. J. Osler, "The Canonical Imperative : Rethinking the Scietific Revolution", in : Idem (ed.), *op. cit.*, pp. 3-22, on p. 8f. しかし、本書の本論で示したように、科学革命の機軸となったコペルニクス的《転回＝革命》の核心をなす秘密にむけて、いわばその本丸攻めに入っていたカント、マイモン、フィヒテ——第三章の註（9）も併せて参照されたい——からすれば、こうした近年の研究動向は、いずれも《転回＝革命》の外堀を埋めてはまた掘り返すだけの徒労——"科学革命（？）"という超越論的仮象をめぐる無益な死闘——に見えることであろう。かれらであれば、おそらくH・バターフィールドの古典的な研究（H. Butterfield, *The Origins of Modern Science, 1300-1800*, rep., Free Press, New York 1957）や、コペルニクス革命に関するT・S・クーンの入念な研究（T. S. Kuhn, *op. cit.*, Cap. 2, note 9）に興味を示すことはあっても、近年の諸研究に対しては、これらを完全に無視することをもって自分たちの見識とするにちがいない。

（3）第三章註（10）拙稿、132-136ページ参照。

（4）なお、初期ニュートン主義の発展に寄与したC・マクローリンがライプニッツら合理論者による——オカルト的性質としての重力概念という——批判を封じつつ、同時にまたニュートン派批判の急先鋒となったG・バークリと対決し、ニュートンの体系を主意主義的な神学と接続させることで、自然研究における数学的な解析の手法を確立した経緯については、長尾伸一『ニュートン主義とスコットランド啓蒙』（名古屋大学出版会、2001年）第3章、特に66-97ページ参照。

（5）第一章註（6）拙稿、第六節、特に97ページ参照。また、この文脈におけるフィヒテの歴史的な位置については、第三章註（12）拙著、240-244ページを参照されたい。

あ と が き

　本書は成蹊大学の研究成果出版助成によって、このたびの公表にいたったものである。既存の専門諸分野がすでにもつ評価基準からすれば、評価を下しにくい研究が一書となって世に出ることは、いうまでもなくこの助成制度によってである。この点について、末尾ながら深く感謝の意を表するとともに、このささやかな研究成果が専門諸分野を横断する試みとして、今後へ向けた何らかの「たたき台」となれば幸いと考えている。

　執筆にあたっては、秋田大学の勝守真氏と工学院大学の林真理氏から、しばしば貴重な助言を賜った。拙著にどこか評価に値するところがあるとすれば、それは両氏の助言がもたらした賜物であり、不備な点が多々あることはすべて筆者の浅学非才によることを、ここで率直に申し上げておきたい。

　専門諸分野の横断は筆者にとって、やはり容易なことではなく、分不相応な暴挙であったかもしれない。実際、わずかな成果を求めるためにも、危険な賭けにちかい一種の冒険を余儀なくされた。とりわけ、物理学に携わる方々からすれば、本書の議論は最低限の流儀もわきまえない暴論になっているにちがいない。それでも、今回の研究があくまでも「たたき台」であることを望み、わずかな成果を獲るために、自らリスクを引き受けている点にご配慮いただけることを心から願いつつ、今回の公表にあえて踏み切ることにした次第である。

　なお、出版にあたっては、前著『無根拠への挑戦』のときと同様、勁草書房編集部の橋本晶子さんからご尽力を戴いた。本書のように大胆な構想の研究が世に出ることは、このご尽力によることを最後に感謝したい。

2001年10月

著　者

索　引

あ 行

ア・プリオリ …7, 9, 11, 14, 16, 63, 65, 74-5, 93, 94-5, 97, 103-5, 123, 202, 213, 215-7, 227
アリストテレス ………7, 34, 35, 131, 218, 219

因果的な結合 …………………………66, 71, 89

ヴィンデルバント …10, 11, 12-16, 18, 22, 24, 25, 31, 33, 50, 197, 198, 200, 201
ヴィンデルバントの比喩 ……………17, 20
運動法則 …79, 86, 87, 105, 107, 109, 110, 111, 112, 113, 140, 141

置き入れ ……………………………13, 14, 16

か 行

カウルバッハ ……………26, 27, 28, 30, 31, 56
学的（視座、認識） …5, 15, 26, 27, 28, 29, 30
仮象 ……………………………………………33
仮説構想的 …………49, 55, 174, 180, 189, 190
仮説創造者 ……………………25, 26, 27, 31
仮説創造的（視点、視座）…26, 27, 29, 30, 36, 37, 49, 55
カッシーラー …16, 17, 18, 19, 20, 25, 27, 28, 46, 50
可分的（な）自我 …112, 113, 115, 125, 126, 127, 149, 157, 158, 166, 169, 170, 186, 225, 226
可分的（な）非我 …112, 113, 115, 126, 127, 170, 225, 226
ガリレオ …2, 8, 22, 23, 24, 37, 38, 76, 77, 131, 133, 135, 141, 146, 159, 193, 219, 223, 227

関係の完全性 …151, 169, 170, 171, 172, 177, 178, 225, 226, 227
観察者の回転 ……………………13, 14, 18
感性（的）……………………………………21
慣性運動 …96, 97, 98, 99, 109, 111, 112, 113, 131, 148, 149, 150, 163, 170, 175, 177, 178, 179, 181, 184, 185, 186, 187, 188, 193, 226, 227
慣性の法則 …105, 107, 108, 109, 111, 112, 192
間接的定立 ……………127, 144, 146, 147, 172
観測者 …9, 21, 23, 54, 55, 61, 63, 67, 71, 73, 80, 92, 93, 94, 95, 107, 109, 112, 113, 116, 147
観測者 S …110, 111, 112, 113, 114, 115, 116, 117, 118, 119, 120, 121, 122, 123, 124, 125, 126, 127, 128, 132, 133, 134, 135, 136, 137, 138, 139, 143, 144, 145, 146, 147, 148, 149, 152, 157, 158, 159, 166, 169, 170, 174, 175, 176, 177, 178, 179, 185, 186, 187, 188, 189, 190, 222, 226
干渉 ……………………………130, 156, 171
カント …3, 5-7, 9-12, 14, 15, 16, 17, 18, 21-27, 31-36, 38, 45-47, 49, 51-53, 55-57, 59, 61-66, 92, 94, 100, 101, 105, 169, 189, 191, 194, 197, 198, 199, 200, 201, 202, 203, 204, 205, 206, 213, 214, 215, 217, 227, 228, 229

規定 …9, 66, 67, 70, 71, 72, 74, 75, 89, 93, 94, 95, 103, 168, 211

経験的な自我 ……………………177, 188, 189
形而上学 …5, 6, 9, 10, 32, 33, 59, 61, 62, 63, 65, 66, 93, 94, 100, 105, 215, 216, 217
ケプラー ……………………55, 141, 214, 215
現象 …12, 21, 22, 23, 24, 33, 78, 92, 94, 98, 100,

101, 102, 103, 169, 198
限定可能性 …………………………161, 162, 223
限定可能な範囲 ……………………………162
限定された限定可能態 ……………………171
限定された範囲 ………………154, 158, 160
ケンプ＝スミス ………………20, 21, 22, 25

交互限定 …118, 120, 122, 126, 127, 135, 137, 142, 151, 161, 176, 177, 178, 186, 187, 189, 197
高次の範囲 ……………………154, 155, 158, 160
構成 …………………………7, 8, 9, 14, 16, 17, 35, 36
恒星天 ………12, 20, 21, 22, 23, 67, 68, 69, 93
構想力 ……………………161, 163, 178, 185, 189
悟性 ………………………………7, 9, 34, 51, 200
コペルニクス …1, 2, 9, 10, 14, 16, 20, 21-22, 25, 27, 32, 53, 54, 60, 62, 64, 65, 66, 67, 71, 72, 92, 191, 193, 194, 203, 214, 221
コペルニクス革命 …1, 193, 194, 198, 207, 228
コペルニクス主義 …2, 3, 105, 190, 191, 193, 194, 197
コペルニクス体系 …19, 20, 22, 54, 55, 60, 61, 63, 73, 74, 76, 78, 80, 81, 91, 92, 99, 210, 212, 215
コペルニクス的立場 …………………11, 13, 201
コーヘン ………13, 14, 15, 16, 17, 18, 22, 34, 46

さ 行

作業場（の比喩、モデル）………10, 11, 14, 31
作用性 …119, 120, 121, 122, 124, 125, 127, 128, 129, 130, 131, 133, 135, 137, 142, 144, 145, 146, 147, 148, 149, 150, 151, 157, 158, 170, 172, 178, 186, 225
作用反作用の法則 …105, 113, 118, 139, 181, 186, 187
三原則 ……………3, 105, 107, 108, 113, 178, 189
三法則 ………………………………93, 104, 105, 108

自我 …112, 114, 115, 116, 118, 119, 120, 121, 122, 123, 124, 125, 126, 127, 147, 149, 152, 170, 190, 225, 177, 188, 189
思考法の革命（変革）、革命的な思考法 …3, 5, 9, 17, 31, 33, 34, 52, 59, 61, 63, 190, 194, 197, 203
自己反省 ……………16, 17, 18, 19, 20, 26, 27
実体 …124, 152, 154, 155, 164, 166, 167, 169, 171, 226
実体性 …120, 122, 124, 125, 127, 151, 152, 153, 154, 155, 157, 158, 159, 160, 161, 170, 171, 172, 173, 174, 176, 177, 178, 188
質量中心 …149, 150, 181, 184, 185, 186, 187, 188, 189, 208, 220
視点の動揺 …………………………167, 188
射影 …………21, 22, 23, 25, 31, 116, 117, 221
自由 …………………………6, 27, 28, 30, 31, 185
周点円 …………………………………67, 68
自由落下 …8, 9, 24, 38, 160, 161, 162, 163, 164, 165, 166, 167, 168, 169, 170, 171, 172, 174, 176, 177, 178, 179, 190, 221, 222, 223, 224, 226, 227
重力の法則 ……………………………74, 75, 76
純粋統覚 ………………………………50, 189
純粋認識 …94, 95, 97, 103, 104, 105, 123, 213, 215, 216, 217
『純粋理性批判』…6, 10, 199, 200, 203, 206, 214
除外 …151, 153, 155, 158, 160, 164, 165, 173, 174, 177, 188, 221, 223, 224, 225, 226
消失による生起 ……………………128, 129, 172
生産的構想力 ……………………………51, 189
絶対運動 …59, 72, 73, 74, 75, 76, 78, 79, 81, 83, 86, 88, 89, 90, 91, 92, 93, 95, 96, 97, 98, 99, 100, 103, 104, 108, 111, 209, 210, 211, 212, 214, 216, 218, 227
絶対的総体 …160, 161, 162, 164, 165, 166, 167, 169, 170, 222, 223, 224, 225, 226
絶対的な位置変化 …78, 79, 80, 81, 82, 83, 84,

85, 87, 90, 91
『全知識学の基礎』…………107, 112, 218

遭遇 ………………………………156
相互作用の法則 ………………………113
相対運動 …22, 23, 24, 59, 71, 72, 73, 75, 76, 78, 81, 82, 83, 88, 89, 91, 92, 93, 95, 96, 98, 100, 104, 209, 210, 211, 212, 214, 227
相対的な位置変化 …78, 79, 80, 81, 82, 83, 84, 87, 90, 91, 93
相対的な運動関係 ……21, 22, 23, 24, 177, 179
属性 …124, 152, 154, 155, 156, 164, 166, 167, 168, 169, 171, 226

た 行

第一原則 ……………………112, 124, 152, 186
第一原則の自我（＝絶対我）…112, 113, 118, 155
第一の運動 ………………………209
第一の絶対運動 ………………………70
第一法則（ケプラー）………………184
第一法則（ニュートン）………………107
第二原則 ………………………………112
第二の運動 ………………………209
第二の絶対運動 …73, 74, 75, 98, 207, 210, 212
第二法則（ケプラー）………………182
第二法則（ニュートン）…………107, 112
第三原則 …112, 113, 114, 115, 124, 169, 170, 179, 225, 226
第三の絶対運動 …74, 75, 76, 84, 210, 215, 216, 217
第三法則（ケプラー）………………184
第三法則（ニュートン）…107, 110, 113, 118, 139, 179
第四の絶対運動 …76, 77, 78, 84, 85, 86, 87, 93, 100, 102, 116, 117, 210, 213, 216, 217
タレス ………34, 35, 36, 37, 38, 39, 44, 45, 204

知識学 ……………3, 107, 108, 113, 115, 190
知性 ……113, 148, 151, 152, 153, 154, 155, 157
地動説 …53, 62, 63, 64, 69, 71, 92, 99, 162, 199, 214
直観（的）…7, 8, 46, 49, 50, 51, 66, 67, 70, 71, 72, 89

天体の運行 ………………………60, 62, 67
天体の運動 …9, 61, 64, 65, 70, 72, 92, 93, 94, 98
天動説 …32, 53, 62, 63, 64, 70, 71, 99, 162, 199

ドイツ観念論 ……………3, 59, 105, 191, 206
導円 ………………………………67, 68
等速直線運動 ……107, 108, 109, 112, 177, 220
独断（論）（的）…6, 24, 33, 99, 100, 102, 103, 213, 215, 216, 217

な 行

眺めわたす（立場、主体）…12, 15, 16, 18, 22, 24, 25, 31

二重化（理性の――）…10, 18, 19, 20, 25, 32
日周運動 ……………23, 54, 68, 69, 73, 74, 98
ニュートン …2, 55, 77, 78, 79, 81, 84, 86, 92, 93, 114, 131, 139, 140, 141, 142, 146, 191, 193, 210, 214, 215, 221
ニュートン力学 …3, 53, 61, 64, 89, 90, 93, 94, 96, 97, 99, 100, 102, 103, 104, 105, 107, 108, 109, 111, 113, 114, 115, 118, 150, 157, 170, 190, 191, 193, 194, 209, 210, 212, 213, 215
認識論 …6, 11, 13, 14, 15, 16, 18, 21, 22, 24, 29, 31, 50, 93, 197, 199, 201

年周運動 ………………………………29, 74

は 行

排除 ………………………………156

パースペクティヴ …3, 26, 27, 28, 29, 30, 31, 56, 150, 189, 190, 194, 195, 198
パラダイム …5, 191, 193, 194, 195, 224, 225, 226, 227
万有引力の法則 …77, 78, 79, 81, 82, 87, 91, 92, 100, 101, 102, 104, 107, 114, 127, 132, 140, 180, 189, 208, 209

非我 …112, 114, 116, 118, 119, 120, 123, 124, 125, 126, 127, 147
批判主義 …………3, 59, 93, 103, 213, 216, 217
批判哲学 …3, 6, 52, 53, 55, 59, 64, 94, 103, 104
表象 ……11, 12, 13, 16, 24, 190, 199, 200, 201

複眼的（視座、視点）……5, 15, 18, 19, 20, 25
プトレマイオス …32, 60, 61, 63, 64, 66, 67, 69, 70, 71, 72, 74, 78, 96, 207, 209, 214

放棄 ………………………………151, 153
方向転換 …………………………………8, 18
法廷モデル …32, 34, 38, 46, 49, 50, 53, 55, 189, 204
本質上の反立 ………………………………128

ま 行

マイモン …59, 64, 65, 66, 67, 71, 72, 74, 75, 76, 77, 78, 79, 80, 81, 82, 83, 84, 85, 87, 88, 89, 90, 92, 93, 94, 98, 99, 101, 103, 104, 105, 107, 108, 111, 112, 116, 123, 142, 145, 193, 194, 207, 208, 210, 212, 213, 214, 215, 216, 217, 218, 229

見かけ上の運動 …61, 75, 82, 89, 91, 92, 94, 96, 98, 100, 212
見かけ上の位置変化 ……80, 81, 83, 84, 85, 90
見かけ上の加速度 …………………87, 88, 134
未限定の範囲 ……………………………158, 160

矛盾（律）…7, 30, 31, 34, 43, 48, 101, 146, 150, 157, 189, 202
無（未）限定な範囲 ……………………………154
無限定の総体 ………………………………164

物自体 ……21, 22, 101, 201, 202, 213, 216, 217

ら 行

理性認識 …………………………6, 9, 10, 15, 33
理性の自己反省→自己反省
理性批判 …5, 10, 18, 24, 29, 31, 32, 33, 34, 53, 55
理性法廷 ……………32, 33, 34, 53, 56, 198
量的な保存 ………………………………119, 158

著者略歴
1959 年生まれ
1990 年　東京大学大学院理学系研究科科学史・科学基礎論博士課程
　　　　単位取得退学
現　在　成蹊大学法学部教授
著書・論文
　『講座ドイツ観念論』第三巻（弘文堂，1990 年）共著
　『真理への反逆』（富士書店，1994 年）共著
　『時間の政治史』（岩波書店，2001 年）
　『無根拠への挑戦』（勁草書房，2001 年）
　「コペルニクス的転回と理性の法廷」『成蹊法学』第 38 号（1994
　年）所収
　「科学的説明モデル」『成蹊法学』第 44 号（1997 年）所収
　その他

コペルニクス的転回の哲学

2001 年 11 月 30 日　第 1 版第 1 刷発行

　　　　著　者　瀬戸一夫
　　　　発行者　井村寿人

　　　発行所　株式会社　勁草書房
　　112-0005　東京都文京区水道 2-1-1　振替 00150-2-175253
　　　　　　（編集）電話 03-3815-5277／FAX 03-3814-6968
　　　　　　（営業）電話 03-3814-6861／FAX 03-3814-6854
　　　　　　　　　　大日本法令印刷・鈴木製本

© SETO Kazuo 2001

ISBN　4-326-10134-2　　Printed in Japan

JCLS　＜㈱日本著作出版権管理システム委託出版物＞
本書の無断複写は著作権法上での例外を除き禁じられています。
複写される場合は、そのつど事前に㈱日本著作出版権管理システム
（電話 03-3817-5670、FAX03-3815-8199）の承諾を得てください。

＊落丁本・乱丁本はお取替いたします。
　　　　http://www.keisoshobo.co.jp

斎藤慶典	力と他者 レヴィナスに	三七〇〇円
佐藤義之	レヴィナスの倫理 「顔」と形而上学のはざまで	三二〇〇円
清水哲郎	医療現場に臨む哲学Ⅱ ことばに与る私たち	三二〇〇円
香川知晶	生命倫理の成立 人体実験・臓器移植・治療停止	二八〇〇円
奥野満里子	シジウィックと現代功利主義	五五〇〇円
信原幸弘	心の現代哲学	二七〇〇円
D・パーフィット	理由と人格 非人格性の倫理へ 森村進訳	九五〇〇円
M・ダメット	分析哲学の起源 言語への転回 野本和幸他訳	四五〇〇円
S・プリースト	心と身体の哲学 河野哲也他訳	三七〇〇円
永井均	〈私〉の存在の比類なさ	二五〇〇円
瀬戸一夫	無根拠への挑戦 フィヒテの自我哲学	三三〇〇円

＊表示価格は二〇〇一年一一月現在。消費税は含まれておりません。